世界
专利申请
实务

兰台律师事务所◎编著

Global Patent
Application

中国法制出版社
CHINA LEGAL PUBLISHING HOUSE

序言 PREFACE

据统计，全球商业 500 强同时也是知识产权 500 强，这绝非偶然，商业的竞争归根结底是技术与创新的竞争，而选择专利作为保护发明创造的手段，已成为世界各国企业之共识，近年来，我国在从工业型向自主创新型国家转变的过程当中，越来越多的企业把目光投向海外，开始实施"走出去"战略，进军国际市场。这是中国坚持改革开放，推进自主创新所产生的积极效果；也是中国企业实现国际化，做大做强的必然途径。

本书也正是基于这样的背景和需求，意在指导国内申请人向世界各国申请专利保护，编者基于多年知识产权涉外业务的经验积累，邀请了全球数十家长期保持友好的合作关系的优秀律师事务所以及专利代理事务所，共同参与汇总了全球各区域的专利制度特点，编辑成《世界专利申请实务》，申请人可在寻求专业的专利服务之前对该国专利制度、申请途径和大致费用有个初步了解。本书收集了在世界范围内主要的 PCT（Patent Cooperation Treaty，专利合作条约）成员国申请专利所需的基本信息，鉴于各国专利制度历史悠久，且各项规定纷繁复杂，简短的篇幅难以穷尽其精微，本书重点关注该国专利制度的历史、专利类型及保护期限、专利审查制度、中国申请人申请该国专利的途径以及主要的官方费用这几部分，藉此让申请人和专家学者对该国专利申请有个大致的了解。

鉴于本书的读者定位于中国大陆的潜在专利申请人和关注研究专利领域的专家或者代理人，因此本书对上述领域的描述也是基于与中国专利制度相比较，对其独特之处予以介绍，为避免重复，与中国专利制度雷同之处予以简化或省略。

对于申请途径而言，国际专利申请通常有巴黎公约和PCT两种途径供申请人选择。巴黎公约途径为申请人提供了直接快捷的申请渠道，其成员国可彼此享受优先权待遇。而PCT国际专利条约途径，成员国除了彼此可以享受优先权外，还给予申请人较长的进入国家阶段的时间，给申请人充分的时间进行决策，且申请人可以参考国际阶段的检索报告结论，选择是否进入国家阶段。另外，PPH通道，即Patent Prosecution Highway，"专利审查高速路"，在具体国家做了解释，如日本。此渠道非主要渠道。

世界各地区为了促进区域经济贸易一体化，大多都设立了区域范围内的可受理专利申请的知识产权组织，该地区性知识产权组织的存在而使得该组织成员国专利申请的途径变得多样，不同途径下，其审查周期和所需费用也有了更大的变化，本书编者尽其所能列举了对于中国申请人去某国申请专利所有可能的途径，至于具体选择何种途径则取决于申请人在时间、费用、所申请国家的多寡等因素综合考量。本书将以每个大洲作为一个独立章节，在每章节的开头部分对每个大洲内出现的组织首先进行详细的介绍，在各国家的制度介绍后归纳总结了对于不同专利类型的全部申请途径，给申请人在申请途径上提供了充分的选择和参考。

涉外专利申请费用主要包括翻译费、外国代理机构代理费和官方费用，就翻译而言，各国要求的官方语言也不一致，且不同申请人获得所需翻译文本的途径各异（如申请人自己翻译、委托国内翻译机构翻译、委托外国代理机构翻译等），其价格难以统一，且不属专利申请固有内容，因此本书不提供参考价格，仅提供各国对专利文本所需官方语言以供读者参酌；对于代理费，在不同国家专利申请价格差异巨大，即便同一国家不同代理机构之间也是千差万别，且不同时期代理费价格也在调整，特别涉及答复审查意见费用通常计时收费更是难以估算准确费用，为避免给申请人造成误解，本书编者考虑再三对于代理费也没有做参考性估价；但各国专利申请官费基本是稳定和准确的，因此本书直接采集各国专利官方机构有效信息，对申请所涉及的主要环节的费用，如申请费、检索费、实质审查费、授权费等官方费用进行提取，使申请人可直观了解申请各主要环节及官方费用，申请人或读者可藉此对整体费用有个基本认识。

本书整合了PCT各成员国的专利制度特点、申请途径信息、申请官费信息以及申请流程的相关信息，形成了一套全面的涉外专利申请参考信息库，为申请人整体布局海外专利战略提供了最切实的参考信息。

目 录 CONTENTS

第二章　欧洲专利申请 / 77

欧洲 PCT 成员国列表

第三章　美洲专利申请 / 171

美洲 PCT 成员国列表

第四章　大洋洲专利申请 / 227

大洋洲 PCT 成员国列表

第五章　非洲专利申请 / 237

后记 / 251

引　言

　　《世界专利申请实务》为国内申请人在全世界范围内的五个大洲，主要
PCT 成员国申请三种类型的专利，发明、实用新型和外观设计专利提供了信息
平台。本书收集编辑了对这三种专利类型进行国际申请的相关参考信息，主要针
对专利授权国的审查制度进行深度分析，并且，以与我国的专利制度进行对比的
形式进行阐述，从而提炼出各国保护制度与我国的差异以及其最具特点的部分。

　　国际专利申请流程大体划分为国际阶段和国家阶段两个部分。提交一件国际
申请，在国际阶段通常有两种主要途径，巴黎公约途径和 PCT 途径，巴黎公约
途径通常适用于进入单国或为数不多几个国家的国际申请，申请人可通过巴黎公
约彼此享受优先权，也就是说，在首次提交的一段时间后在其他成员国再次提交
时可以享有与在先申请同样的申请日期。但就目前，随着国际经济发展和各国间
贸易竞争逐渐加剧，科技领先的专利权人往往会在多国进行专利保护，为占领贸
易市场建筑壁垒。所以，PCT 途径也就成了国际专利申请的主要途径，PCT 专
利合作条约可以帮助申请人简化申请程序，使申请人可以只进行一次申请，并指
定进入多个成员国，避免了逐个国家申请的重复过程和资金浪费。PCT 申请的
国际阶段具有如下程序：国际检索、补充检索和国际初审。其中国际检索程序为
必经程序，申请文件提交后无需申请人提出检索请求，通常在国际申请提交后的
4-5 个月后，检索机构会向申请人出具国际检索报告，内容为所检索到的对比文

件是否对本发明的新颖性和创造性构成启示。而此检索报告在之后各国家阶段的审查过程中是具有法律效力的，各国不得再以国际检索阶段相同的理由驳回该专利申请。在申请提交后的 18 个月后（有优先权的按优先权日起计算），国际申请将自动进入到国际公开程序，申请人可以申请提前公开。而补充检索程序则是可选择程序，该检索是针对申请人补充提交的申请材料展开的，其检索结果在各国的国家审查阶段仍具有法律效力。之后的国际初审程序对申请人来讲仍是一个可选程序，也就是应申请人的请求而启动的，是针对所有已提交的申请材料以及之后提交的修改文件而进行的，初审局将在审查完成后出具关于专利性的相关报告，各国在进行国家阶段审查时可参考此报告的意见，但此报告并不具有法律效力。国际申请进入国家阶段后，各国家会根据自己国家的专利法律制度对申请文件在进行审理。

除了申请途径的选择会直接影响授权的周期与成本外，一些区域知识产权组织的出现也使得专利申请的途径具有了多样性，如欧洲专利局，是欧洲经济一体化的典型体现，很大程度上简化了流程，提高了效率。本书将在每章节的开头部分对各洲内出现的组织首先进行详细的介绍，给申请人在申请途径上提供了充分的选择。

《世界专利申请实务》整合了 PCT 各成员国的专利制度特点，申请途径信息，申请官费信息以及申请流程的相关信息形成了一套全面的涉外专利申请参考信息库，为申请人整体布局海外专利战略提供了最切实的参考信息。

世界
专利申请
实务

Patent
Application

第一章 / 亚洲专利申请

亚洲申请制度概述

亚洲申请途径介绍

亚洲PCT成员国专利制度

一 亚洲申请制度概述

在世界知识产权组织 (World Intellectual Property Organization, 简称 WIPO) 近些年发布的《专利报告》中可以看出，亚洲的专利申请量正在以惊人的速度上升，亚洲越来越多地参与国际专利事务。我国在最近 10 年间的专利申请量上升了 5 倍多，在 2011 年超过美国跃居世界第一 。除了日本、韩国、印度这亚洲这三大专利申请国以外，东盟国家在其民族独立、经济发展、对外开放的过程中纷纷建立了适合本国国情、便于吸引外资、融入国际潮流的专利制度。比如，菲律宾制定有《菲律宾知识产权法典（第 8293 号法 ）》，用于保护发明、实用新型和外观。马来西亚主要法律为《专利法案》，用于保护发明和实用新型，而外观设计由《工业品外观设计法案》予以保护。

在和欧洲比较接近的一些中亚国家，如亚美尼亚、阿塞拜疆、哈萨克斯坦等国，与周边的欧洲国家建立了区域性的知识产权组织——欧亚专利局（The Eurasian Patent Organizaton，EAPO）。EAPO 共有 9 个成员国，均为独联体国家：俄罗斯、白俄罗斯、摩尔多瓦、亚美尼亚、阿塞拜疆、哈萨克斯坦、吉尔吉斯斯坦、塔吉克斯坦和土库曼斯坦。官方语言为俄语。欧亚专利局的主要功能是接受专利申请、检索与审查和授予专利，使之在欧亚专利条约的成员国都行之有效。申请欧亚专利，只需要用俄语向欧亚专利局提交一份申请，并同时指定地区成员国；欧亚专利局批准专利之后，只要向指定成员国交纳年费，则专利在该成员国维持有效。当一件专利希望同时在数个原苏联国家境内寻求专利保护时，提出单一欧专利申请案往往较直接向各个国家该专利局分别提出申请更为有利。

二　亚洲申请途径介绍

专利申请途径的多样和完善也在一定程度上代表了一个地区专利保护制度的完善。亚洲多数国家的专利制度对发明，实用新型和外观设计三种类型的发明创造进行保护。下面将对三种发明创造的申请途径分别介绍。发明专利申请：亚洲国家发明专利申请途径包括两类，第一类是以中国、日本和韩国为代表的国家，主要有巴黎公约和 PCT 两种途径（如图 1 所示）。由于亚洲有欧亚专利局 (EAPO)，所以 EAPO 成员国的申请人可通过欧亚专利局途径进行专利申请，也就是说，通过欧亚专利局进行提交的申请，还有巴黎公约 EAPO 途径和 PCT 国际申请选定EAPO 途径（如图 2 所示）。欧亚专利局只对发明专利进行保护，而并不受理实用新型和外观设计申请。欧亚专利局申请官费的信息请参见第 10 页，表 2。

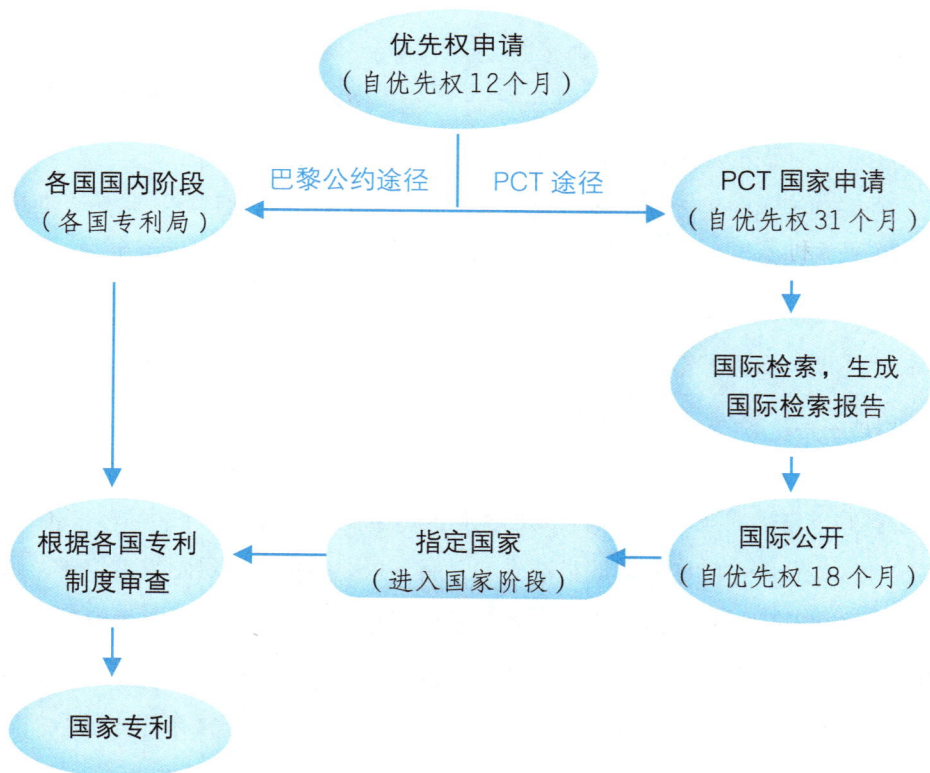

图 1　亚洲各国发明专利巴黎公约和 PCT 申请途径

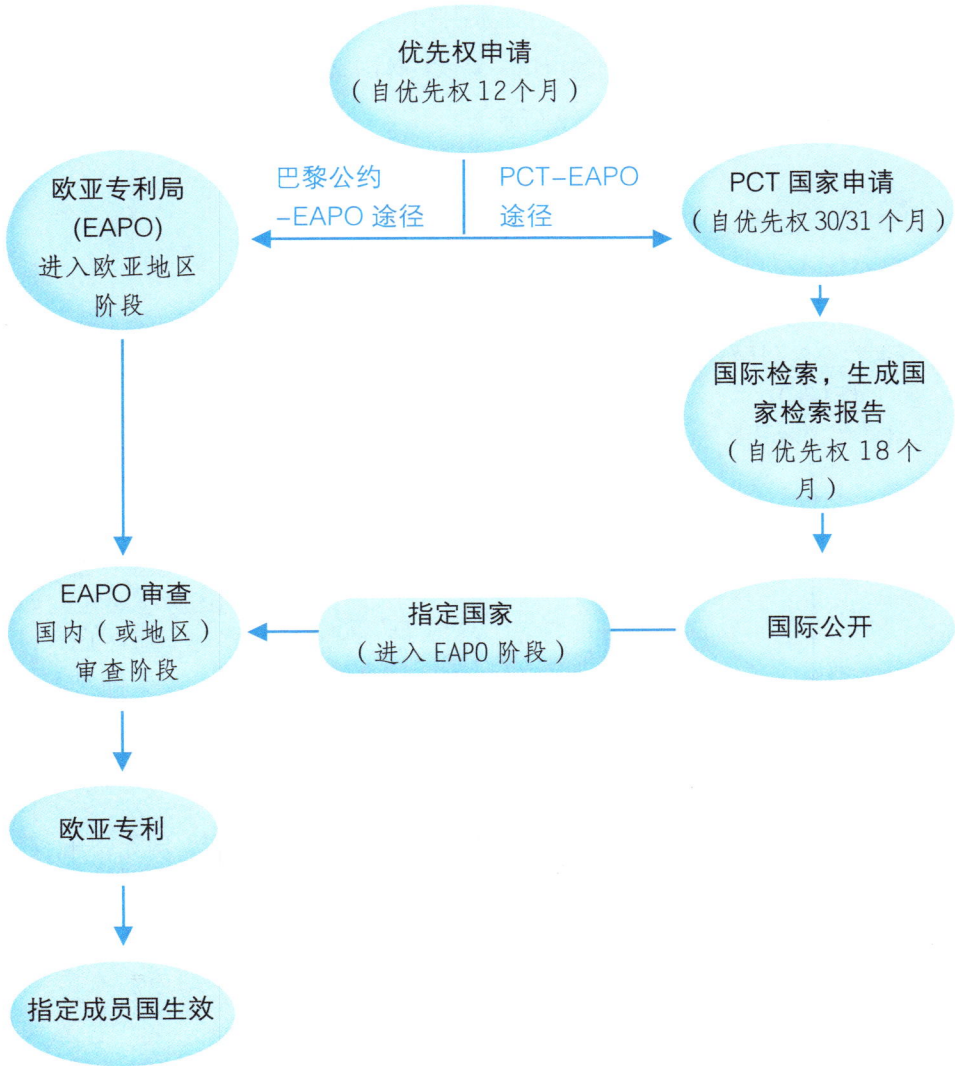

图 2　EAPO 亚洲成员国发明专利申请途径

实用新型申请：从理论上仍然可以通过 PCT 途径对实用新型申请进行保护，但在实践中，由于实用新型申请往往不具有较高的创造性，但 PCT 申请的国际检索是不分类型的检索，这使得实用新型申请很难达到国际检索的审查标准。而且，PCT 申请经济成本较高且申请周期较长，一般申请人并不考虑通过 PCT 来对实用新型申请进行保护。

实用新型专利并不普遍存在于亚洲各个国家之中，且对于实用新型的规定也不尽相同，故实用新型专利的申请一般以具体国家为准，分为巴黎公约途径和 PCT- 国家申请两种途径，如图 3 所示。

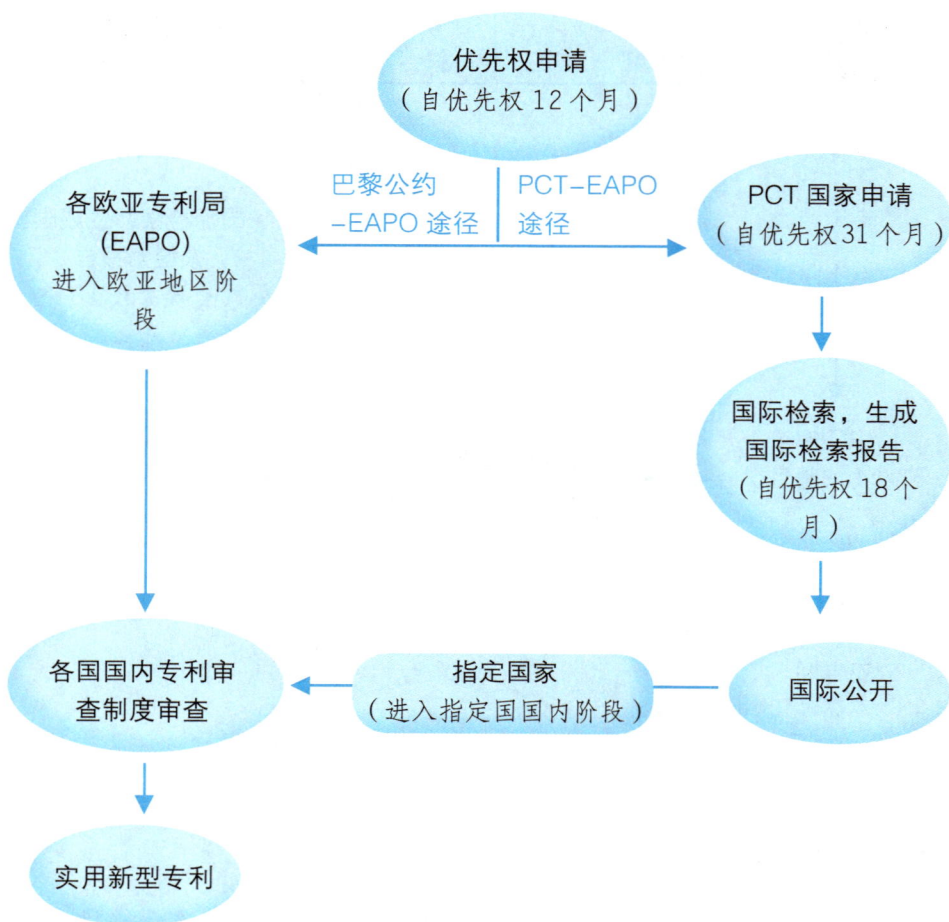

图 3　亚洲实用新型专利的巴黎公约途径

外观设计申请：亚洲各国对于外观设计的保护客体和制度存在不同程度的差异，并且尚未形成统一的组织，故申请外观设计专利需要直接向意向国提交申请，即通过巴黎公约途径进行申请，如图 4 所示。

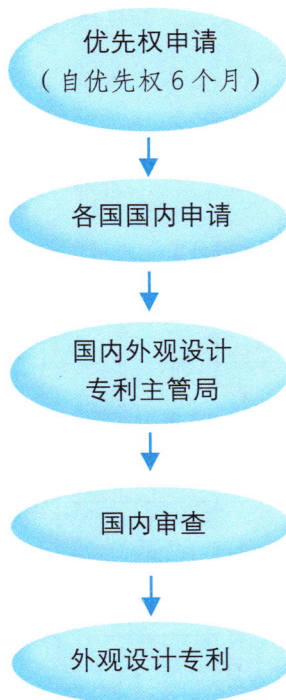

图 4　亚洲国家外观设计专利申请途径

在实践中，以上三种专利类型，通常发明专利会以 PCT 途径进行国际申请。

· PCT 申请的费用

PCT 国际申请的费用可总体分为两个部分，国际阶段部分涉及的费用和进入国家阶段的费用。国际阶段的费用由世界知识产权组织收取，对于从中国提交的国际申请则可由中国国家知识产权局代收，此费用的收取针对签署了 PCT 协议的各成员国有统一的规定。进入成员国各自国家阶段的费用则由各国家自行规定并收取，且价格差异较大。PCT 申请的总费用为国际申请阶段的费用加上进入国家阶段的费用。本书将世界知识产权组织发布的 PCT 国际阶段的费用前置至此处，见下页表 1。各国收费请参见各国家制度介绍后的申请阶段官费报表。

PCT 国际阶段的费用

项目	费用
1. 传送费	CNY（人民币）500
2. 检索费	CNY 2100
附加检索费	CNY 2100/ 每个发明
3. 国际申请费 国际申请附加费（超过 30 页的部分）	CHF（瑞士法郎）1330 CHF 15/ 每页
4. 初步审查费 附加初步审查费	CNY 1500 CNY 1500/ 每个发明
5. 指定费 每一指定（超过 6 个不再要求缴纳指定费）	CHF 140
6. 优先权恢复费	CNY 1000

表 1

欧亚专利局（EAPO）申请相关官费

项目	官费（RUB，卢布）
单一申请费用（包括申请、检索、公开与其他基本程序）	25,500
审查费 一项发明 第二项发明	25,500 19,000
授权费	16,000
转换费	6,400
优先权恢复费	16,000

表 2

三 亚洲 PCT 成员国专利制度

亚洲 PCT 成员国列表

中国

大陆地区

1. 中国大陆地区专利申请概述

中国大陆现行专利制度主要通过 1985 年《专利法》及其实施细则来具体进行规范，至 2008 年为止，现行专利法一共进行过三次修改。中国现行专利法不保护植物新品种，植物品种的保护制度通过单独的《植物新品种保护条例》来进行规范。

专利保护的类型及期限

发明专利：保护期限为 20 年。

实用新型：保护期限为 10 年。

外观设计：保护期限为 10 年。

专利局接受申请文本语言

简体中文

2. 专利申请的审查制度

·发明

专利申请的流程包括：递交申请 – 初步审查 – 早期公开 – 实质审查 – 授权或驳回

递交申请：提交发明或实用新型专利申请需要提交申请书、说明书、权利要求书、说明书附图、说明书摘要、摘要附图等文件；可通过纸件提交或电子提交的方式向国家知识产权局专利局或国家知识产权局专利局各省代办处提交，提交完毕，专利局将下发受理通知书并确定专利申请日和申请号，但若未提交附图，以提交附图之日作为申请日。在中国没有经常居所或者营业所的外国人、企业或其他组织在中国申请专利的，必须委托中国的代理机构；在中国完成的发明和实用新型专利对外申请专利的，必须经过中国专利局保密审查，否则该发明创造在中国将不能再获得专利权。若需提交国际申请，通过中国国家局递交的 PCT 申请，国家局将对该申请主动进行保密审查。

要求优先权：在中国申请发明专利可以要求国外优先权或国内优先权，优先权的期限均为 12 个月（外观设计为 6 个月）；在中国申请专利要求优先权的，必须在提交申请的同时，在向专利局提供的申请书（格式文本）中作出要求优先权的声明，填写优先权日、优先权申请号及相应受理机构名称，并在申请日起 3 个月内提交优先权证明文件及其相应中文题录。审查员认为有必要的，还需提供中文译本。

初步审查：主要审查申请文件是否存在形式缺陷以及明显的实质缺陷，如违反中国法律的发明创造或者明显不属于专利保护客体的发明创造，是否明显不符合单一性要求，是否提交生物保藏证明等。初步审查不合格的，审查员将下发补正通知书，申请人有至少一次为期两个月的补正期间，逾期不补正申请将被视为撤回，补正后仍然不符合形式要件或明显缺乏实质要件的，申请将被驳回；若初审合格将下发初审合格通知书。申请若为实用新型申请，初审合格后将通知申请人办理注册登记手续。发明专利在提出实质审查时或者在申请人收到进入实质审查通知之日起 3 个月内可做出主动修改；实用新型及外观设计申请人从申请日起两个月内可以做出主动修改。

早期公开：从申请日起（有优先权的指优先权日）满 18 个月，且初审合格的，专利局即对该发明专利进行公开，经申请人申请也可以要求在初审合格后立即公开。

实质审查：发明专利需要进行实质审查，申请人须在申请日起三年内向专利局提出实质审查申请，审查发明专利的新颖性、创造性和实用性，是否属于不受发明专利保护的客体以及是否符合单一性要求。三年期满未提出，申请将被视为撤回。经实质审查合格的，专利局将发出办理登记通知，若存在新颖性创造性或者其他问题，审查员将发出审查意见通知书，申请人享有至少一次答复审查意见的机会，第一次审查意见答复期限一般为 4 个月，若有第二次答复机会，答复期限为 2 个月。该期限可以申请延长，但最长不得超过两个月且需要缴纳相应费用。

申请发明和实用新型之间不可相互转化，但是申请人可于在递交申请同一天同时提出发明和实用新型申请，发明专利授权后，申请人可以放弃在先获得的实用新型专利权。

·实用新型

实用新型申请流程与发明专利相同，也要求新颖性、创造性及实用性，但是对三性的审查不如发明专利严格，形式审查合格后即可授予专利权。中国实用新型专利只保护存在结构、形状或其结合的产品，而不保护方法。实用新型和外观设计专利通常在6-8个月内获得授权。

·外观设计

外观设计申请文件可以提交图片或照片，以及相应的设计说明，但不能为工程蓝图。外观设计不需经过实质审查，初审合格即可获得授权。

3. 中国大陆地区专利申请途径

国内申请人申请我国发明专利、实用新型专利以及外观设计专利可直接向国家知识产权局专利局递交申请。

4. 中国大陆地区专利报价表

类型	费用名称	官费（元）
发明	申请费	900
	早期公开	50
	实审费	2500
	授权费	255
实用新型	申请费	500
	授权费	205
外观设计	申请费	500
	授权费	205

中国

香港地区

1. 香港地区专利申请概述

香港地区专利法律由《专利条例》以及《注册外观设计条例》进行保护。

专利保护的类型及期限

标准专利：保护期为申请后 20 年。

短期专利：保护期为 4 年，可延期 4 年。

外观设计：保护期为 5 年，可每次续期 5 年，不得超过申请日后的 25 年。

接受申请文本语言

中文（繁体、简体），英语

2. 香港地区专利申请的审查制度

·标准专利

香港标准专利申请程序与中国大陆有较大差异。香港标准专利须经过两个申请阶段获得。第一阶段须请求提交指定申请的记录，该指定申请应已在指定专利局记录。若无指定申请便不能在香港申请标准专利。申请人在第一阶段应首先向指定专利局（中华人民共和国国家知识产权局、欧洲专利局、英国专利局 UKIPO）申请指定专利。第一阶段应提交文件：记录请求、已发表的指定专利申请副本一份、在中国香港供送达文件的地址、需要提供的有关资料和文件的译本。在申请被指定专利局公开后的 6 个月内向香港知识产权署注册处申请记录，注册处经形式审查后予以记录并在香港知识产权公报刊登公告。

第二阶段是在专利权被授予后或记录申请被公开后的 6 个月内，向知识产权署申请注册和授权。应提交文件：注册与批予请求表、已发表的指定专利说明书副本、发明的中英文名称、在中国香港供送达文件的地址以及需要提供的有关资料和文件的译本。注册处经形式审查后准予注册并授予香港标准专利予以公布。

·短期专利

香港短期专利类似于大陆的实用新型专利，由香港知识产权注册处进行形式审查，以其中一个国际查检主管当局或其中一个指定专利当局所制备的查检报告为基础。短期专利需要提供的文件与材料：说明书、说明书附图、权利要求书、摘要、摘要附图、指定国家专利局出据的检索报告、有优先权的申请提交优先权证明文件。

·外观设计

各种产品的外观设计均可申请注册。提交日期是香港知识产权注册处收到以下文件的日期：注册请求表、符合要求的图片或照片以及并必要的说明（图片要求提供六面视图和立体图）、有关外观设计适宜做复制的一项表述、申请人姓名和地址、各项费用。

香港外观设计由香港知识产权注册处进行形式审查，不进行实质审查，也不翻查已经注册的外观设计记录。外观设计申请提交日期即注册日期，也是注册有效期的生效日期。

3. 香港地区专利申请途径

·发明

香港标准专利申请途径：须在中国国家知识产权局、欧洲专利局、英国专利局三者中任一方提交在先申请，在上述国家或地区知识产权局早期公开后的 6 个月内，向香港知识产权署提出登记申请，实质审查通过后方可在香港注册。

·短期专利申请途径

（1）须在中国国家知识产权局、欧洲专利局、英国专利局三者中任一方提交在先申请，在上述国家或地区知识产权局早期公开后的 12 个月内，向香港知识产权署提出登记申请，授权后方可注册。

（2）在向香港知识产权署提交短期申请后，需向香港专利局提交一份检索报告，此报告可由权力机构作出，如中国国家知识产权局作出的适用于香港的短期专利检索报告，提供后方可在香港获得注册。

·外观设计申请途径

可直接向香港专利局提出外观登记申请，香港知识产权署对申请文件只进行基本形式审查。

4.香港地区专利报价表

类型	费用名称	官费（港币）
标准专利	提交指定专利申请的记录请求	380
	记录请求的公告费	68
	提交将指定专利注册并批予标准专利的请求	380
	注册与批予请求的公告费	68
短期专利	提交短期专利的批予申请	755
	短期专利的批予申请的公告费	68
外观设计	申请提交	1570
	官方注册	155

中国

澳门地区

1. 澳门地区专利申请概述

澳门现行专利法律制度主要由《工业产权法律制度》规定。

专利保护的类型及期限

发明专利：保护期为 20 年，自申请日起计算。

实用专利：保护期为 6 年，自申请日起计算。该期限可以续展 2 次，每次 2 年。

外观设计：保护期为 5 年，自申请日起计算。每次可续展 5 年，最长不超过 25 年。

接受申请文本语言

英语。

2. 专利申请的审查制度

· 发明

澳门地区与大陆地区的申请制度基本一致，但其流程中各环节都具有一定的特点：

申请首先进行初步审查。澳门经济局收到申请后，即在两个月内对其进行形式审查，以核实该申请是否符合申请规范。若不符合，应自申请日起四个月内予以补正。申请人应自申请日起七年内向经济司申请作出审查报告书。

申请将在自申请日（有优先权日的为优先权日）起满十八个月进行通告，经济局在《澳门特别行政区公报》上作出公开通告，而有关的申请卷宗则自公布之日起即可供公众查阅。

澳门保留有公开后的异议程序。自公开通告公布次日起，直至授予专利之日止，任何第三人均得向经济局提交以书面方式作成的有关作为申请对象的发明可获授予专利的异议。

澳门发明专利申请同样需经过实质审查。澳门知识产权厅仅负责专利的审批程序，而不负责实质审查。因此，专利申请人在公告之后的七年内向澳门知识产权厅书面提出实质审查的请求，澳门知识产权厅转交国家专利局进行审核。国家专利局审核并公告后，在三个月的时间内，申请人可以在澳门知识产权厅办理相关手续使该专利在澳门获得认可。

依照 1963 年 10 月 5 日于慕尼黑签订的《欧洲专利公约》的规定，欧洲专利权人得要求其专利延伸至澳门。但须在《欧洲专利公报》公布授权通告后三个月内向经济局提出延伸申请，经济局接到延伸申请后应在《澳门特别行政区公报》上予以公布。

对于欧洲专利向澳门专利机构提出的延伸申请，费用应按《欧洲专利公约》所定的期间向欧洲专利局缴纳。同时均需按本法规定向澳门知识产权厅缴纳澳门专利法所定的续展费用。

·实用专利

澳门实用新型申请实行实质审查制。实用新型专利提交经济局且经初步审查后，符合规定的即得由经济局在《澳门特别行政区公报》上作出公开通告。不符合者，应在两个月内补正。专利申请人在公告后的四年内向澳门知识产权厅书面提出实质审查的请求，澳门知识产权厅转交国家专利局进行审核。国家专利局审核并公告后，在三个月的时间内，申请人可以在澳门知识产权厅办理相关手续使该专利在澳门获得认可。

·外观设计

澳门经济局收到申请后应在一个月内对设计进行形式审查。自申请日（有优先权日的为优先权日）起满十二个月，经济局即行公布申请，自公布日起公众即可查阅有关卷宗。无须进行实质审查。

3. 澳门地区专利申请途径

发明：可以直接向中国国家知识产权局提出申请，授权后延展至澳门地区。也可以直接向澳门经济局知识产权厅提交申请。

实用专利和外观设计直接向澳门经济局知识产权厅提交申请。

4. 澳门地区专利申请报价表

类型	费用名称	官费（澳门币）
发明	申请费	800
	实审费	2500
	授权登记费	200
实用专利	申请费	400
	登记费	200
外观设计	申请费	1000
	登记费	200

中国

台湾地区

1. 台湾地区专利申请概述

台湾地区现行专利制度为 1944 年的《专利法》，是在特定历史条件下颁布的中国历史上第一部现代意义的专利法。其对台湾地区和大陆地区的专利法发展产生了重要影响；其贯彻了现代西方国家专利法的某些基本原则，迎合了世界专利法发展潮流，保护工业上有利用价值的发明专利和执行强制许可，其颁布促进了旧中国工业的发展和结构的调整。

专利保护的类型及保护期限

发明专利：自申请日起 20 年。医药品、农药品或其制造方法发明专利权可以申请续展 1 次，续展期为二到五年。

实用新型：自申请日起 12 年。

工业设计：自申请日起 12 年。

接受申请文本语言

繁体中文。

2. 台湾地区专利申请的审查制度

·发明专利

台湾地区发明专利申请程序与大陆基本一致，其流程为：专利申请、形式审查、早期公开、实质审查、专利授权。

差异在于：台湾地区发明申请文件除申请书、说明书、必要图式，还应有宣誓书；可申请提前公开或最多申请延缓 6 个月公开；申请日次日起三年内，任何人均可向专利机关申请实质审查，且一经申请不得撤回；中国大陆申请人应注意最好在大陆专利申请公开之前在台湾提出申请，否则有被撤销之虑。

· 实用新型

台湾地区实用新型申请实行初审制，申请案文件齐全符合基本要求后，即可公开，可申请提前公开或最多申请延缓 6 个月公开，自公告日起授予新型专利权并颁发证书。优先权与发明专利相同。

· 工业设计

台湾地区工业设计申请与实用新型基本一致，差异在于工业设计不享有优先权。

3. 台湾地区专利申请途径

台湾地区发明专利可以直接向中国国家知识产权局提出申请，授权后延展至台湾地区。也可以直接向台湾智慧财产局提交申请。

实用专利和工业设计直接向台湾智慧财产局提交申请。

4. 台湾地区专利申请报价表

类型	费用名称	官费（美元）
发明	申请费	130
	实审费	259
	授权费	130
实用新型	申请费	110
	授权费	130
外观设计	申请费	110
	授权费	67

日本

1. 日本专利申请概述

日本现行专利制度法律体系主要由《专利法》及《专利法实施规则》、《实用新型法》和《外观设计法》组成。

专利保护的类型及保护期限

发明专利：保护期限为自申请日次日起二十年。

实用新型：保护期限为 6 年。

工业设计：保护期限为 20 年。

接受申请文本语言

日语

2. 日本专利申请的审查制度

· 发明

日本发明专利的申请制度与我国非常相似，申请程序也大致相同，但在某些方面也存在一些差异。

向日本申请专利需要委托该国的代理机构，与中国不同之处在于，日本在申请时无需向特许厅提交委托书，只需申请书中填写代理机构名称即可。

日本规定了提前审查制度。在外国提出过申请的案件，在日本可以申请早期审查。通过提出早期审查，可以大幅度地加快开始审查的时间，从而尽快取得专利权。

日本特许厅会对申请进行实质审查，认定申请的专利具有专利性时，特许厅会发出特许查定，即授权通知书。申请人自收到特许查定后的一个月内办理登记，缴纳该年年费，得到专利权。

· **实用新型**

日本实用新型专利申请和我国类似，都无需进行实质审查，但日本的授权的规定更加严格。

首先，日本的实用新型专利申请中，申请人须于提出申请前针对该新型的可注册性进行检索。如申请人未能履行此义务，其将无法主张该新型专利权。

申请提交后，将进行形式审查。如果提出要求，可以进行新颖性检索，但是该项不是申请流程中自动带有的一部分。

实用新型和发明在申请过程中可以相互转化。

· **外观设计**

日本外观设计的申请制度与我国不同，主要由于日本工业外观设计审查采用实质审查制度，外观设计专利授权条件包括工业上可利用、新颖性和创造性。

另外，日本《外观设计法》规定了外观设计的相似设计制度，即同一个申请人、同一天申请一个主外观设计，其余为从属外观设计，他人的产品即使与从属外观设计有相同点，也侵犯了外观设计权。

3. 日本专利申请途径

· **发明专利申请途径**

该国发明专利申请的途径分为以下三种方式：

（1）巴黎公约该国申请①。

（2）PCT 国际申请指定该国生效②。

（3）PPH 途径。PPH 专利申请快速通道是指，申请人提交的申请在首次申请的专利局认为此申请至少有一项或多项权利要求可授权，只要相关申请满足一定条件，则首次申请的工作结果可被后续申请的专利局获得，申请人便可请求后续申请的专利局加快审查程序。

---

① 通过巴黎公约途径申请国外专利，即申请人要取得某一国家的专利，须经该国专利局批准后取得专利权，以下简称巴黎公约该国申请。

② 一般情况下，PCT 申请应向作为 PCT 受理局的国家局提出。PCT 专利申请人在申请的同时，就要指定该申请将在哪些成员国有效，这些被指定的国家称为"指定国"。

· **实用新型专利申请途径**

实用新型专利申请的途径为巴黎公约该国申请。

· **外观设计专利途径**

该国外观设计专利申请的途径为巴黎公约该国申请。

4. 日本专利申请报价表

类型	费用名称	官费（日元）
发明	申请费	15,000
	实审费	122,000
	授权费	7,500
实用新型	申请费	14,000
	检索费	118,000
	授权费	2500
外观设计	申请费	16,000
	授权费	8,500

韩国

1. 韩国专利申请概述

韩国现行专利法律体系主要由《专利法》（2011）、《实用新型法》（2011）、《工业设计保护法》（2011）和《知识产权框架法》（2011）构成。

专利保护的类型及保护期限

发明专利：期限为自申请日次日起二十年。

实用新型：保护期限自申请日次日起 10 年。

工业设计：授权登记日起生效，保护期限为 15 年。

接受申请文本语言

韩语。

2. 韩国专利申请的审查制度

·发明

韩国发明专利申请制度与中国相似，申请人提出申请后，先进行形式审查，审查通过后自申请日（有优先权的指优先权日）起满 18 个月自动公布或根据申请人要求在申请日起 18 个月内进行公开。

申请人必须在从申请日（或国际申请日）起 5 年内提出实质审查请求。韩国专利局在请求实质审查之日起 25 个月内审查。

在答复审查意见方面，从提出实质审查请求到接收第一次审查意见通知书，大概需要 18 至 24 个月时间。申请人必须在接收通知书之日起二个月内做出答复。申请人可以提出期限延长请求，每次可延长一个月，延期次数没有限制。

如果经审查没有发现驳回理由，即发出授权通知书。申请人应当在接收通知之日起三个月以内办理专利登记手续，并缴纳登记费及前三年的年费。

· 实用新型

韩国实用新型采用先审查登记，后实质审查的制度。考虑到实用新型技术生命周期较短、实用新型保护期短于发明专利权，且实用新型申请人大多为个人，韩国专利局采用实用新型优先审查制度。按照韩国专利局现有制度，普通实用新型申请获权周期为自申请日起 10 个月。实用新型经登记领证之后，申请人 3 年内可以请求实质审查。

· 外观设计

韩国政府对外观设计专利审查采用外观设计审查登记制度和对一些特定物品的外观设计无审查登记制度并行的方法。这点与中国不同。

审查注册制的外观设计，即对申请注册的外观设计的实用性、新颖性、创造性进行实质审查。包括以下审查步骤：

首先对外观设计申请进行初步审查（形式审查），应申请人的要求，可以公布其申请，之后对外观设计申请进行实质审查，与发明专利和实用新型不同的是，实质审查不需依申请进行；经实质审查发现驳回理由时，审查员将发出通知书，要求申请人在指定期限内作出答复。申请人必须在接收通知之日起二个月内陈述意见或修改。申请人可以请求延长答复期限，延期次数限于二次，每次可延长一个月；如果经审查没有发现驳回理由，即发出授权通知书。申请人应当在接收通知之日起三个月以内办理专利登记手续，并缴纳登记费及前三年的年费。

非审查注册制的外观设计：对外观设计申请进行初步审查，然后做出注册授权决定，交纳登记费后，就授予专利权；在授权公告后有三个月的异议期。

3. 韩国专利申请途径

· 发明专利申请途径

发明专利申请的途径分为以下三种：

（1）巴黎公约该国申请；

（2）PCT 国际申请指定该国；

（3）PPH 途径。

· **实用新型专利申请途径**

实用新型专利申请的途径为巴黎公约该国申请。

· **外观设计专利途径**

外观设计专利申请的途径为巴黎公约该国申请。

4. 韩国专利申请报价表

类型	费用名称	官费（韩币）
发明	申请费	58,000
	实审费	130,000
	授权费（含 1–3 年年费）	66,000
实用新型	申请费	17,000
	实审费	65,000
	授权费（含 1–3 年年费）	36,000
外观设计	申请（经实审）	60,000
	申请（不实审）	45,000
	授权费（含 1–3 年年费）	75,000

印度

1. 印度专利申请概述

印度第一部专利法《排他权法》诞生于殖民主义者统治时期的 1856 年。历经数次修订和整合,《排他权法》已被 1970 年颁布的《专利法》所取代。《专利法》又经过 1999 年、2002 年、2004 年、2005 年等数次修订,日渐完善。

专利保护的类型

发明专利:专利保护期为自申请日起 20 年 。

外观设计:外观设计保护期为自申请日起 20 年。

接受申请文本语言

印度语、英语。

2. 印度专利申请的审查制度

· 发明

印度发明专利申请与我国申请流程大致相同,申请同样需经过形式审查及实质审查,但在各环节也具有自己的特点。

在专利申请公布之后,任何人都可在提交书面申请并缴纳相关费用后,对说明书、附图、摘要等申请文件以及专利局与申请人之间的往来文件进行检查。而我国的申请流程信息都是公开的,可直接在国家专利局网站进行查询,无需申请及缴费。

优先权日起 18 个月公开申请文本,也可以请求提前公开,提交请求后 1 个月内即公开;公开后有 6 个月的异议期,接到他人异议后需在 3 个月内答辩。

自申请日或优先权日起 48 个月内,申请人或任何其他人都可以对专利申请提出实质审查请求。专利局将根据实质审查请求的序号对专利申请进行审查;而我国的实质审查请求必须经由申请人本人提出。

首次年费为自专利申请日起第三年的年费，须在专利授权日后第二年年底之前缴纳。如果专利申请在两年内未被授权，年费将被累计，待专利授权后及时缴纳，或在专利登记后 3 个月内，或缴纳延长费后的 9 个月内缴纳。如果未在规定期限内缴纳年费，专利权将中止。但专利权中止后可以自权利中止日起 18 个月内提出申请，恢复专利权。

· 外观设计

目前，印度的外观设计管理仅由设在加尔各答专利局总部的外观设计局负责，但新德里、钦奈和孟买的三个专利局可以受理申请。外观设计局负责管理工业品外观设计的注册、续展、撤销等事务。印度外观设计在外观设计局登记后，将在政府公报中公开，公开后任何人可向外观设计局申请异议程序。

3. 印度专利申请途径

· 发明专利

该国发明专利申请的途径分为以下两种方式：

（1）巴黎公约该国申请；

（2）PCT 国际申请指定该国。

· 外观设计

该国外观设计专利申请的途径为巴黎公约该国申请。

4. 印度专利报价表

类型	费用名称	官费（卢比）
发明	申请费	4000
	实审费	15,000
	授权费	3,000
外观设计	申请费	1,100

阿塞拜疆

1.阿塞拜疆专利申请概述

阿塞拜疆现行专利制度由《阿塞拜疆共和国专利法》规范。

专利保护的类型及期限

发明专利：自申请之日起 20 年，可延长不超过 5 年。

实用新型：申请日起 20 年。

工业设计：自申请之日起 10 年，可延展，最多不超过 5 年。

接受申请文本语言

阿塞拜疆语。

2.阿塞拜疆专利申请的审查制度

·发明

阿塞拜疆为 EAPO 成员国，其发明专利申请程序与我国基本一致，申请流程为：专利申请、形式审查、实质审查、专利授权。阿塞拜疆专利局应在 12 个月内对专利进行公布，这与我国的 18 个月相比较为提前，公布期间任何人可以就申请提出异议。专利局将应申请人要求对申请进行实质审查，符合条件的授予专利，对于授予专利的应当进行注册登记。

·实用新型

阿塞拜疆实用新型无需进行实质审查。若文件齐全描述清晰即可授予实用新型专利，若文件有缺陷，申请人有两个月时间提交补充材料补正修正。

·工业设计

阿塞拜疆工业设计将以工业设计公报的形式在 6 个月内进行公布，公布期间任何人可以就申请提出异议。专利局应当进行形式审查，对于不符合条件的应当拒绝授予专利。对于符合形式要件的应当授予工业设计专利，并注册登记。

3. 阿塞拜疆专利申请途径

· 发明专利

该国发明专利申请的途径分为以下两类，共四种方式：

（1）巴黎公约指定该国；

巴黎公约 EAPO。

（2）PCT 国际申请指定该国；

PCT 国际申请指定 EAPO 欧亚专利局。

· 实用新型

该国实用新型专利申请的途径为巴黎公约该国申请。

· 工业设计

该国工业设计专利申请的途径为巴黎公约该国申请。

4. 阿塞拜疆专利报价表

类型	费用名称	官费（美元）
发明	申请费	15
	公开费	10
	实审费	65
	授权费	15
实用新型	申请费	15
	实审费	55
	授权费	10
工业设计	申请费	15
	实审费	40
	公开费	10
	授权费	10

亚美尼亚

1. 亚美尼亚专利申请概述

亚美尼亚现行专利制度法律主要为《发明、实用新型和工业品外观设计法》（2008 年）。

专利保护的类型及期限

发明专利：保护期为 20 年。在战争，自然灾害或不可预见的事件情况下，可最长延期五年。

实用新型：保护期为 10 年。

工业设计：保护期为 5 年。在到期后可申请一个或多个为期五年的延期，但最多延期不能超过 20 年。

接受专利申请文本语言

亚美尼亚语。

2. 亚美尼亚专利申请的审查制度

·发明

亚美尼亚为 EAPO 成员国，其发明专利的申请制度与中国大体相似，申请经初审、公开、实质审查之后授予专利权。

首先提交优先权申请后的三个月内应提交先前的申请号以及申请国家。

外国的申请者可以其他语言提交申请，但在提交后的三个月内必须提交相应的亚美尼亚语译本。若未按时提交相应的版本，该申请将被视为撤销。

申请日（或优先权日）起满 18 个月后专利局将公布该申请。申请人可以要求提前公开，但不得早于申请日（优先权日）后的三个月。

在审查发明专利时，国家授权机构需审查：（1）主体是否满足《发明、实用新型和工业品外观设计法》中对发明专利性的要求；（2）提交的有关主体的材料是否"显而易见"地满足新颖性、创造性和工业实用性的要求。若符合以上条件，则当局应作出公开的决定并授予专利。

·实用新型

亚美尼亚实用新型的申请与中国不尽相同，其申请程序与该国发明专利的申请程序一致，在实质审查阶段，其要求低于对发明专利的规定。

在审查实用新型专利时，国家授权机构需审查：（1）主体是否满足《发明、实用新型和工业品外观设计法》中对发明专利性的要求；（2）提交的有关主体的材料能否满足工业实用性的要求。若符合以上条件，则当局应作出公开的决定并授予专利。

在国家授权机构作出决定之前，申请人可申请把实用新型转化成发明的申请。

·外观设计

亚美尼亚的外观设计申请与中国近似，其申请程序大体同该国发明及实用新型相似，在优先权申请、文本语言、早期公开程序上一致。该国外观设计申请同样只需要形式审查，无需实质审查，审查通过即可授权。

3. 亚美尼亚专利申请途径

·发明

该国发明专利申请的途径分为以下两类，共四种方式：

（1）巴黎公约指定该国；

　　巴黎公约 EAPO。

（2）PCT 国际申请指定该国；

　　PCT 国际申请指定 EAPO 欧亚专利局 。

·实用新型

该国实用新型专利申请的途径为巴黎公约该国申请。

·外观设计

该国外观设计专利申请的途径为巴黎公约该国申请。

哈萨克斯坦

1.哈萨克斯坦专利申请概述

哈萨克斯坦现行专利法律主要是《哈萨克斯坦共和国专利法》（1992 年）。

专利保护的类型及期限

发明专利：保护期为申请日之后 20 年。

实用新型：保护期为申请日之后 10 年，可延长 5 年。

工业设计：保护期为申请日之后 5 年，可延长 3 年。

接受申请文本语言

哈萨克语、俄语。

2.哈萨克斯坦专利申请的审查制度

·发明

哈萨克斯坦为 EAPO 成员国，其发明专利与中国发明专利的审查制度不尽相同。

首先，申请人自申请日起 2 个月内可以修改申请文件。专利局自收到申请 2 个月内实行初步审查，也可以应申请人书面申请提前审查。

其次，初步审查合格的应该授予临时专利，临时专利有效期为 5 年。临时专利被授予后 18 个月内应该公告。

自临时专利被授予的 3 到 5 年内，专利局可以根据申请人或者第三方当事人的申请进行实质审查，符合条件的应该被授予专利权。

·实用新型

哈萨克斯坦实用新型专利的申请与我国相似，专利局自收到申请 2 个月后可实行初步审查，也可以应申请人书面申请提前审查，该审查为形式审查，符合要件的应该被授予专利。

· 外观设计

哈萨克斯坦外观设计专利申请与中国不同，申请需经实质审查才能授权。

申请人自申请日起 2 个月内可以修改申请。专利局进行初步审查和实质审查，方法同发明专利。临时专利被授予后 12 个月内应予以公告。

3. 哈萨克斯坦专利申请途径

· 发明

该国发明专利申请的途径分为以下两类，共四种方式：

（1）巴黎公约指定该国；

巴黎公约 EAPO。

（2）PCT 国际申请指定该国；

PCT 国际申请指定 EAPO。

· 实用新型

该国实用新型专利申请的途径为巴黎公约该国申请。

· 外观设计

该外观设计专利申请的途径为巴黎公约该国申请。

土库曼斯坦

1. 土库曼斯坦专利申请概述

土库曼斯坦现行专利制度有《专利法》（1993 年版）、《发明和外观设计法》（2008 年版）。

专利保护的类型及保护期限

发明专利：自申请之日起 20 年，临时专利自申请之日起 5 年。

工业设计：自申请之日起 10 年，临时专利自申请之日起 5 年。

接受申请文本语言

土库曼语或俄语。

2. 土库曼斯坦专利申请的审查制度

·发明专利

土库曼斯坦为 EAPO 成员国，其发明专利申请程序与中国大陆基本一致，差异在于：形式审查不合格的，有 1 个月时间补交材料；申请人在申请时可同时要求提前公开，也可在申请日起 3 年内提出申请；申请人自公开日届满前向专利局提出进行实质审查，实质审查围绕申请的绝对新颖性进行，专利局自行检索、审查，申请人应在提出实质审查的同时缴纳检索、审查费用，逾期不提视为放弃申请；对于符合绝对新颖性标准的申请，专利局授予发明专利并颁发专利证书；对于仅符合相对新颖性标准的申请，专利局授予临时发明专利并予以公示。

·工业设计

土库曼斯坦工业设计申请程序与中国大陆基本一致，其流程为：专利申请、形式审查、早期公开。

申请文件包括：申请书、附图或照片。优先权为 6 个月，在提交申请的同时主张优先权，应自申请日起 3 个月内补充提交优先权相关证明文件。外观设计只进行形式审查，不进行实质审查。通过形式审查即行公开，最迟不超过自申请之日起 18 个月。申请人可在提出申请的同时要求迟延公开，但最迟不超过自申请之日起 30 个月。

3. 土库曼斯坦专利申请途径

· 发明

该国发明专利申请的途径分为以下两类，共四种方式：

（1）巴黎公约指定该国；

巴黎公约 EAPO。

（2）PCT 国际申请指定该国；

PCT 国际申请指定 EAPO。

· 实用新型

该国实用新型专利申请的途径为巴黎公约该国申请。

· 外观设计

该国外观设计专利申请的途径为巴黎公约该国申请。

吉尔吉斯斯坦

1. 吉尔吉斯斯坦专利申请概述

吉尔吉斯斯坦为 EAPO 成员国，其现行专利法律体系主要由《吉尔吉斯斯坦共和国专利法》（2006）、《植物新品种法》（2006）、《发明、实用新型和工业外观设计专利法》（2006）和《秘密发明法》（2007）构成。

专利保护的类型及保护期限

发明专利：保护期为申请后 20 年，可延长 5 年。

实用新型：保护期为 5 年，可延长 3 年。

外观设计：保护期为申请后 10 年，可延长 5 年。

接受申请文本语言

吉尔吉斯语或俄语

2. 吉尔吉斯斯坦专利申请的审查制度

· 发明

吉尔吉斯斯坦发明专利与中国有所差异，主要体现在申请的审查程度上。

首先，申请人自申请日起 2 个月内可以主动修改申请文件。专利局自收到申请 2 个月内实行初步审查。若满足形式要件则通知申请人，否则告知申请人修改或者驳回。

其次，初步审查合格的应该授予临时专利，临时专利有效期为 5 年。临时专利被授予后 18 个月内应该公告。

自临时专利被授予的 3 到 5 年内，专利局可以根据申请人或者第三方当事人的申请进行实质审查，符合条件的应该被授予专利权。

· 实用新型

吉尔吉斯斯坦实用新型专利与我国相似，自申请日起 2 个月内申请人可以修改申请。专利局自收到申请 2 个月后实行初步审查，即形式审查，若满足形式要件则授予专利，否则驳回申请。

·外观设计

吉尔吉斯斯坦外观设计专利申请与我国不尽相同，自申请日起 2 个月内申请人可以修改申请。专利局进行初步审查和实质审查，方法同发明专利。审查通过之后，授予专利。

3. 吉尔吉斯斯坦专利申请途径

·发明

该国发明专利申请的途径分为以下两类，共四种方式：

（1）巴黎公约指定该国；

巴黎公约 EAPO。

（2）PCT 国际申请指定该国；

PCT 国际申请指定 EAPO。

·实用新型

该国实用新型专利申请的途径为巴黎公约该国申请。

·外观设计

该国外观设计专利申请的途径为巴黎公约该国申请。

塔吉克斯坦

1. 塔吉克斯坦专利申请概述

塔吉克斯坦共和国现行专利法律主要为《塔吉克斯坦专利法》。

专利保护的类型及保护期限

发明专利：自申请日起 20 年。

小专利：自申请起 10 年。

外观设计：自申请起 10 年

接受申请文本语言

英语或者俄语①。

2. 塔吉克斯坦专利申请的审查制度

·发明

塔吉克斯坦为 EAPO 成员国，其发明专利申请制度与我国相似，申请自在国内第一次提起专利申请之日起 12 个月内享有优先权。

专利局应在申请日起 3 个月内对专利进行形式审查，符合条件的予以公告。任何人自申请日起 3 年内可以申请实质审查。

发明专利申请人可以在自申请日起 3 年内申请将发明专利转换为小专利。小专利申请在初步审查结果出来前可以转换为发明专利申请。

若申请人在申请提出日起三年内没有提出实审请求，且没有申请将申请转换为小专利，则申请被视为撤回。

·小专利

塔吉克斯坦小专利类似于我国的实用新型专利，对申请的专利性要求要低于发明专利。在塔吉克斯坦，申请人可以针对新颖性和创造性不高的发明申请小专

---

① 塔吉克斯坦知产局是 PCT 国际申请受理局，受理国际申请所使用的官方语言为俄语、英语。

利。小专利的申请先经过形式审查，审查通过之后，对申请文件进行初步审查。初步审查内容包括专利的新颖性以及工业实用性。专利局授权专利日起 6 个月内，需将授予专利信息予以公开。

· 外观设计

塔吉克斯坦的外观设计申请制度与中国不同。主要在于，自申请日起 3 个月内专利局应对外观设计进行形式审查，审查合格的专利局在申请日起 6 个月内主动公布。

任何人在自申请日起 12 个月内须提出实质审查，否则，视为撤回专利申请。

3. 塔吉克斯坦共和国专利申请途径

· 发明

该国发明专利申请的途径分为以下两类，共四种方式：

（1）巴黎公约指定该国；

巴黎公约 EAPO。

（2）PCT 国际申请指定该国；

PCT 国际申请指定 EAPO。

· 小专利

该国小专利申请的途径为巴黎公约该国申请。

· 外观设计

该国外观设计专利申请的途径为巴黎公约该国申请。

阿联酋

1.阿联酋专利申请概述

阿联酋现行专利制度主要由《规定和保护专利、工业制图与外观的细则》（2006年版）进行规定。

专利保护的类型及保护期限

发明专利：保护期为 20 年。

实用新型：保护期为 10 年。

工业设计：保护期为 10 年。

接受申请文本语言

阿拉伯语。

2.阿联酋专利申请的审查制度

·发明

阿联酋发明专利申请程序与我国制度基本相同：其主要特点在于阿联酋发明专利为早期公开制，在公开后的 60 日内，相关利益团体可对此提出异议。而早期公开后的异议程序在我国已经被取消。在此之后，申请人可提出实质审查请求，若申请通过实质审查，将被授予专利证书。

·实用新型

阿联酋实用新型既可以按照发明专利的标准进行实质审查，又可以按照申请人提出的请求授予具有工业实用性但不具有创造性的实用新型专利。

·工业设计

阿联酋工业设计同大多数国家相似，在同一的生产方式或作用下，一个专利中最多可以有不超过 20 个设计或图片。外观专利应早期公开，在公开后的 60 日内，相关利益团体可对此提出异议。若无异议，申请人将被授予专利证书。

3. 阿联酋专利申请途径

·发明

该国发明专利申请的途径分为以下两种方式：

（1）巴黎公约该国申请。

（2）PCT 国际申请指定该国。

·实用新型

该国实用新型专利申请的途径为巴黎公约该国申请。

·工业设计

该国外观设计专利申请的途径为巴黎公约该国申请。

4. 阿联酋专利申请报价表

类型	费用名称	官费（美元）
发明	申请费	110
	实审费	1950
	授权费	50
实用新型	申请费	110
外观设计	申请费	220
	实审	1925
	授权公开费	110

阿曼

1. 阿曼专利申请概述

阿曼现行专利制度主要由《阿曼苏丹国工业产权及其执行法 》（2008）规定。

专利保护的类型及期限

发明专利：保护期为申请后 20 年。

实用新型：实用新型专利证书，保护期为申请后 10 年。

工业设计：保护期为 5 年，可续期两次，每次 5 年。

接受申请文本语言

阿拉伯语。

2. 阿曼专利申请的审查制度

·发明

阿曼发明专利申请程序以及所需递交的材料与我国基本一致，申请流程为：专利申请、形式审查、早期公开、实质审查、专利授权。但也存在一些细节与我国制度有所差异，如，阿曼依然保留着公开后的异议程序，并规定在公布期 120 天内任何人可以就申请提出异议。由于存在异议程序，自申请日期 36 个月内任何人可以就申请提出实质审查。专利局通过实质审查后，满足条件的应当授予专利。

·实用新型

阿曼实用新型的申请程序与我国基本一致。

·工业设计

阿曼工业设计的登记程序与我国有所不同，申请人可在申请之日后 12 个月内提出公开的请求。

3. 阿曼专利申请途径

· 发明

该国发明专利申请的途径分为以下两种方式：

（1）巴黎公约该国申请。

（2）PCT 国际申请指定该国。

· 实用新型

该国实用新型专利申请的途径为巴黎公约该国申请。

· 工业设计

该国外观设计专利申请的途径为巴黎公约该国申请。

4. 阿曼专利申请报价表

类型	费用名称	官费（美元）
发明	申请费	781
	公开费	260
	实审费	130
	授权费	2600
实用新型	申请费	520
	公开费	260
	技术审查费	781
	授权费	1302
外观设计	申请费	2604
	公开费	130
	注册费	1302

巴林

1. 巴林专利申请概述

巴林现行专利制度主要由《专利法》（2004）、《工业品外观设计和模型法》（2004）和《集成电路布图设计法》（2004）加以规定。

专利保护的类型及期限

发明专利：保护期为 20 年。

工业设计：保护期为 10 年，可续期 5 年。

接受申请文本语言

阿拉伯语。

2. 巴林专利申请的审查制度

·发明

巴林发明专利申请程序与我国有较大差异，主要体现在申请文件只经过形式审查，而非实质审查制。

初步审查符合要求后，主管局作出专利登记的决定。而公开的时间由主管局决定，公开的期限为 60 天，在公开期限内任何利益相关人都可以提出异议。在 60 天之后，若没有异议提出，或在异议被驳回之后最多 30 天内，则应作出给予专利注册的决定。

·工业设计

巴林工业设计可对任何颜色和线条的组合或有色及无色的三维形状进行保护。申请人可以在巴林工商部进行登记之前任何时间撤回或者对申请文件作出必要的修改。工商部在申请人符合条件后 60 日内作出是否接受登记的决定。专利登记之后，任何人可就专利的相关问题提出异议，工商部应及时发布这些信息。

3. 巴林专利申请途径

· 发明

该国发明专利申请的途径分为以下两种方式：

（1）巴黎公约该国申请。

（2）PCT 国际申请指定该国。

· 工业设计

该国工业设计专利申请的途径为巴黎公约该国申请。

4. 巴林专利申请报价表

类型	费用名称	官费（美元）
发明	申请费	243
	检索费	53
	公开及授权费	132
实用新型	申请费	108
	公开费	108
	检索费	136
	授权费	540
外观设计	申请费	108
	公开费	54
	检索费	54
	注册费	95

朝鲜

1. 朝鲜专利申请概述

朝鲜现行专利法律体系主要由《朝鲜人民民主共和国发明法》（1999）和《工业外观设计法》（2005）构成。

专利保护的类型及期限

发明专利：专利权保护 15 年，经专利权人申请可以续展 5 年。

工业设计：申请之日起 5 年，可以续展两次，每次 5 年。

接受申请文本语言

朝鲜语。

2. 朝鲜专利申请的审查制度

· 发明

朝鲜发明专利的审查制度和保护方式均与我国有较大差异，朝鲜规定了两种权利，即发明权及专利权。其中对于发明权授予奖章及奖金，专利权即发明专利权。专利权根据申请人的需要可以转化成发明权，但发明权不能转化成专利权。申请人除提交申请文件外，还需提供产品样品、模型或试验品。

朝鲜知识产权局在受理之日起开始对专利进行实质审查，审查通过后予以注册登记，颁发专利发明证书。注册登记之后，对发明进行公布，如国家认为有必要，可以不予公布。

· 工业设计

朝鲜工业设计与我国外观设计相比也具有一定区别。首先，申请书除包括工业设计的名称等基本信息外和申请设计的描述外，还需包括评价报告。

工业设计登记办公室认为申请的材料不符合要求的，可要求申请人在 3 个月内补正，如申请人在 3 个月内仍未补正，还可再次申请 2 个月的补正期限。

工业设计登记办公室在正式受理后 6 个月内对专利进行审查，审查所需材料仍需要申请人及时提供。审查通过后应发放工业设计注册证书，并在该国工业审计文献上公布。

3. 朝鲜专利申请途径

· 发明

该国发明专利申请的途径分为以下两种方式：

（1）巴黎公约该国申请。

（2）PCT 国际申请指定该国。

· 工业设计

该国工业设计专利申请的途径为巴黎公约该国申请。

菲律宾

1. 菲律宾专利申请概述

菲律宾现行专利法律系统主要由《菲律宾知识产权法典（第8293号法）》组成。

专利保护的类型及保护期限

发明专利：自申请之日起二十年。

实用新型：自申请之日起保护七年。

工业设计：自申请之日起保护五年，可延展两次，每次五年，最长不超过 15 年。

接收申请文本语言

菲律宾语、英语。

2. 菲律宾专利申请的审查制度

·发明

菲律宾是目前世界上唯一对专利授予采用先发明制的国家，该国发明专利的授予与我国有较大差别。

首先，对申请进行形式审查，审查通过之后于申请日起十八个月后早期公开。早期公开后六个月内申请人提出实质审查要求。

美、菲间有共同审查的协议，即若有同案的美国核准审定，则菲律宾亦可发出核准审定。

·实用新型

菲律宾实用新型专利与我国的申请制度相似，都只进行形式审查，无需实质审查即可授权。

其采用注册制，无需实质审查，形式审查通过之后即授权。自形式审查报告寄出之日起两个月内，申请人可以将实用新型申请转为发明专利申请。

· 外观设计

菲律宾外观设计专利的申请与该国实用新型专利申请程序基本相同，对申请进行形式审查，通过之后，即登记注册，授予专利。

外观设计专利申请的优先权为首次申请日起六个月，此规定与我国相同。

3. 菲律宾专利申请途径

· 发明

该国发明专利申请的途径分为以下两种方式：

（1）巴黎公约该国申请。

（2）PCT 国际申请指定该国。

· 实用新型

该国实用新型专利申请的途径为巴黎公约该国申请。

· 外观设计

该国外观设计专利申请的途径为巴黎公约该国申请。

4. 菲律宾专利申请报价表

类型	费用名称	官费（美元）
发明	申请费	103
	实审费	101
实用新型	申请费	150
外观设计	申请费	150

新加坡

1. 新加坡专利申请概述

新加坡现行专利法律体系主要是《专利法》（2005 年版）。

专利保护的类型及保护期限

发明专利：自申请日起 20 年。

实用新型：自申请日起 20 年。

工业设计：自申请日起 20 年。

接收申请文本语言

英语、汉语、马来语、泰米尔语。

2. 新加坡专利申请的审查制度

· 发明专利

新加坡发明专利申请与我国申请流程大致相同：主要区别在于发明专利的权利要求书不需要在申请时一并提交，但必须在申请日起 12 个月内补充。

新加坡专利局确认申请文件符合法律规定时，在 15 日内会向专利申请人发出受理通知书；否则，则专利申请人应在两个月内补正。专利局在收到申请费及所有申请文件后开始进行形式审查，如果初期审查通过，专利局给专利申请人发出初审通过报告；如果初期审查未通过，专利局给申请人发出补正通知，申请人在三个月内提出异议或者进行补正。自申请日或优先权之日起十八个月内，申请即行公开。申请人撤回申请应在申请日起十七个月内。申请人在申请公开后可以分为三种途径向专利局申请进行检索、审查。国内专利申请人既可以申请检索后审查程序，也可以申请边检索边审查程序；外国专利申请人不需要就相同主题的发明再次进行检索、审查，如果该国际专利在国外授权时进行过相应的检索、审查程序；若申请人申请的专利混合了国内专利和国外专利，则他需要提交检索、审查的申请并附加通过相应的检索、审查程序获得的专利登记。如果通过检索、审查程序，专利局会发出审查报告。若未通过，则申请人应自接到意见之日起 5 个月内回应。通过检索、审查程序后，申请人应自申请之日起 12 个月内申请专利局发放专利证书。

・外观设计

新加坡外观设计专利只进行形式审查而不进行实质审查。专利局应就授权的外观设计在专利局的官方网站和公报上进行登记和公示。

3. 新加坡专利申请途径

・发明

该国发明专利申请的途径分为以下两种方式：

（1）巴黎公约该国申请。

（2）PCT 国际申请指定该国。

・实用新型

该国实用新型专利申请的途径为巴黎公约该国申请。

・外观设计

该国外观设计专利申请的途径为巴黎公约该国申请。

4. 新加坡专利申请报价表

类型	费用名称	官费（新币）
发明	申请费	160
	检索费	2600
	公开费	50
	授权费	50
外观设计	申请费	250

格鲁吉亚

1. 格鲁吉亚专利申请概述

格鲁吉亚现行专利法律体系主要由 1992 年 3 月 16 日格鲁吉亚共和国公布的《发明条例》和 1999 年 2 月 24 日制定的《格鲁吉亚专利法》构成。

专利保护的类型及保护期限

发明专利：自申请日起 20 年。

实用新型：自申请日起 10 年。

工业设计：自申请日起 15 年。

接收申请文本语言

格鲁吉亚语。

2. 格鲁吉亚专利申请的审查制度

·发明

格鲁吉亚的专利申请制度与中国基本相同，首先，提交申请需使用官方语言，即格鲁吉亚语。如果提交申请的版本不是格鲁吉亚语，需要自提交之日起 2 个月之内翻译成格鲁吉亚语。

格鲁吉亚专利审查包括形式审查和实质审查，申请人须在收到通知之日起两个月内对申请文件中指出的缺陷进行补正或修改。

·实用新型

格鲁吉亚实用新型依照《格鲁吉亚专利法》对其进行保护，实用新型专利申请依然包括形式审查和实质审查，合格后方可授予专利权，

·工业设计

格鲁吉亚外观设计专利申请与中国不同，该国外观设计申请要先进行形式审查并且也要进行实质审查才能授权。

在确定申请日后的一个月内，格鲁吉亚形式审查对申请文件的完整性以及正确性进行审查。在形式审查完成后的三个月内，格鲁吉亚对申请文件的实质内容进行审查，审查合格的外观申请将进行外观登记。

3. 格鲁吉亚专利申请途径

· 发明

该国发明专利申请的途径分为以下两种方式：

（1）巴黎公约该国申请。

（2）PCT 国际申请指定该国。

· 实用新型

该国实用新型专利申请的途径为巴黎公约该国申请。

· 工业设计

该国工业设计专利申请的途径为巴黎公约该国申请。

4. 格鲁吉亚专利申请报价表

类型	费用名称	官费（美元）
发明	形式审查费	120
	公开费	60
	实质审查费	120
	授权费	200
实用新型	形式审查费	120
	公开费	60
	实质审查费	120
	授权费	170
工业设计	审查费	50
	公开费	10
	注册费	10

卡塔尔

1. 卡塔尔专利申请概述

卡塔尔现行专利制度主要由《专利法》（2006 年版）规定。

专利保护的类型及保护期限

发明专利：保护期为 20 年。

工业设计：保护期为 10 年。

接受申请文本语言

阿拉伯语。

2. 卡塔尔专利申请的审查制度

·发明

卡塔尔发明专利申请程序与我国基本一致，申请流程为：专利申请、形式审查、实质审查、专利授权。其特点是：若申请提交后卡塔尔专利办公室拒绝了申请人的请求，申请人可以在 15 日内提出抗辩。另外，在早期公开的过程中，相关利益人可以以书面形式在公开后的 60 日内提出异议，专利办公室应在提出异议后的 30 日内作出裁决。若在异议后的 30 日期间，利益人双方达成了协议，则提交的异议视为放弃。

·工业设计

卡塔尔工业设计为登记注册制。申请人提交申请之后，进行形式审查，符合要求即进行登记注册，若卡塔尔专利办公室拒绝了申请人的申请请求，申请人可以在 30 日内提出异议。

3. 卡塔尔专利申请途径

·发明

该国发明专利申请的途径分为以下两种方式：

（1）巴黎公约该国申请。

（2）PCT 国际申请指定该国。

· 工业设计

该国工业设计专利申请的途径为巴黎公约该国申请。

4. 卡塔尔专利申请报价表

类型	费用名称	官费（美元）
发明	申请费	213
	公开费	266
	授权费	266
工业设计	申请费	213

老挝

1. 老挝专利申请概述

老挝现行专利法律体系主要由《知识产权法》（2007 年版）进行规范。

专利保护的类型及期限

发明专利：申请日起 20 年。

小专利：　申请日起 10 年；期满可以申请一次 2 年的续展期。

工业设计：申请日起 15 年；期满后 90 天内可以申请延期两次，一次 5 年。

接收申请文本语言

英语或者老挝语。

2. 老挝专利申请的审查制度

·发明

老挝发明专利与我国在申请的程序上大致相同，但在每个阶段又有一些差异。

首先申请资料可以选用英语或者老挝语，但采英语文本的需要在申请日起 90 天内将其翻译为老挝语文本。

在对所申请的专利进行检索和初步审查后，专利局会在申请日或优先权日起的第 19 个月将专利公开。

发明专利自申请日（有优先权的指优先权日）起 32 个月内可以申请实质审查。审查合格后，授予专利注册证书并将其在工业产权报刊上公布专利。

·小专利

老挝小专利类似于我国的实用新型专利，发明若符合新颖性、工业实用性并且涉及到产品的外形和结构，可以转换成小专利。在小专利专利权授予之前，申请可以转换为专利申请。

·工业设计

老挝外观设计申请制度与我国大致相同，申请经形式审查通过之后，即可授予专利权。

提交申请时，申请人可在提交申请时要求将其外观公开。

3. 老挝专利申请途径

·发明

该国发明专利申请的途径分为以下两种方式：

（1）巴黎公约该国申请。

（2）PCT 国际申请指定该国。

·工业设计

该国外观设计专利申请的途径为巴黎公约该国申请。

马来西亚

1. 马来西亚专利申请概述

马来西亚于 1989 年加入 WIPO 和《巴黎公约》，2006 年 8 月 16 日 PCT 生效。现行专利制度主要由《专利法案》（2011 年）和《工业品外观设计法案》（2012 年）。

专利保护的类型及保护期限

发明专利：保护期为申请后 20 年。

实用新型：保护期为申请后 10 年。可延期两次，每次 5 年。

工业设计：保护期注册日起 5 年，可延长两次，每次 5 年，最长不超过 15 年。

接收申请文本语言

英语。

2. 马来西亚专利申请的审查制度

·发明

马来西亚专利申请程序与我国有所差异，且审查制度的规定也甚为细致。

首先，发明申请需要进行初步形式审查，专利局可要求申请人完善修改申请，申请人应当在三个月内完成修改；

专利局应在优先权日后 18 个月对专利进行公开。自申请日 18 个月内申请人必须提交实质审查申请。

专利局就《专利法案》关于发明的要件进行实质审查，分三种情况：改进的实质性审查，一般六个月完成；标准实质性审查；延期实质性审查，一般为五到六年完成，审查通过批准后即可登记和宣布。

另外，在实质审查之前，申请可以选择申请新颖性检索。

·实用新型

马来西亚实用新型的申请制度与我国不同，申请程序同上述发明申请，申请需经实质审查才能授权。并且马来西亚实用新型只能有一项权利要求。

· 工业设计

马来西亚外观设计申请与我国不同，申请人在提交申请时，需要提交一份关于该外观设计申请的工业品的新颖性说明（但是当申请注册的是壁纸、花边或者纺织制品时则不需要新颖性说明），申请经审查通过之后授予专利权。

3. 马来西亚专利申请途径

· 发明

该国发明专利申请的途径分为以下两种方式：

（1）巴黎公约该国申请。

（2）PCT 国际申请指定该国。

· 实用新型

该国实用新型专利申请的途径为巴黎公约该国申请。

· 工业设计

该国工业设计专利申请的途径为巴黎公约该国申请。

4. 马来西亚专利报价表

类型	费用名称	官费（美元）
发明	申请费	165
	实审费	232 改进实审 400 一般实审 800 延期实审
	授权费	305
实用新型	申请费	50
	实审费	400 一般实审 232 改进实审 800 延期实审
	授权费	80
工业设计	申请费	180
	授权费	150

蒙古

1. 蒙古专利申请概述

蒙古现行专利法律为《蒙古共和国专利法》（1999 年）。

专利保护的类型及保护期限

发明专利：申请日起 20 年。

实用新型：申请日起 10 年。

外观设计：申请日起 7 年。

接受申请文本语言

英语或俄语。

2. 蒙古专利申请的审查制度

· 发明专利

蒙古发明专利的申请与中国大为不同，较之中国，蒙古发明专利较易获得。

专利局在受理日起 20 日内对专利进行形式审查，审查期限经申请可以延长。审查合格的予以公开。

自申请注册日起 2 个月内可以申请享有优先权。申请优先权的需要提供一份书面描述书、在国外的相关申请文件以及国际检索报告或初步审查报告。

自专利公开日起 3 个月内，没有人提起专利异议的，授予专利权并予以登记注册。

发明可以转换为实用新型或外观设计，转换前的申请日即为转换后专利的申请日。

· 实用新型

蒙古实用新型的申请与上述发明专利申请十分相似，都无需进行实质审查，专利局在受理日起 1 个月内对实用新型进行形式审查。审查合格的予以公开。

自专利公开日起 3 个月内，没有人提起专利异议的，授予专利权。在授予专利权日起 1 个月内颁发实用新型专利证书。

·外观设计

蒙古外观设计的申请同样与发明申请相似，主管局在受理日起 20 日内对专利或者外观设计进行形式审查，审查期限经申请可以延长。审查合格的予以公开。

自专利公开日起 3 个月内，没有人提起专利异议的，授予专利权并予以登记注册。

3.蒙古专利申请途径

·发明

该国发明专利申请的途径分为以下两种方式：

（1）巴黎公约该国申请。

（2）PCT 国际申请指定该国。

·实用新型

该国实用新型专利申请的途径为巴黎公约该国申请。

·外观设计

该国外观设计专利申请的途径为巴黎公约该国申请。

斯里兰卡

1. 斯里兰卡专利申请概述

斯里兰卡现行专利制度由《知识产权法》(2003年)和《知识产权法规》(2006年)构成。

专利保护的类型及保护期限

发明专利：申请日起20年

外观设计：申请之日起5年。期满可以续展2次，每次5年。

接受申请文本语言

僧伽罗语或泰米尔语。

2. 斯里兰卡专利申请的审查制度

·发明专利

斯里兰卡发明专利只需经过形式审查。申请人需在国际检索报告作出后的三个月内，向斯里兰卡专利局提交该检索报告。报告可以由任何一个PCT协议下的指定为国际检索机构的国家局作出。

·工业设计

斯里兰卡工业设计专利注册程序与我国基本相同，在递交的材料上，除需提供工业设计的要求书；申请人的姓名、地址和描述，如果申请人是境外居民，随附在斯里兰卡境内的邮政地址；文件的范本应包含该工业设计的照片或者详细的图解，若新申请为二维工业设计，需提交一幅图片；若新申请为三维工业设计，提交不同角度的两幅图片。

3. 斯里兰卡专利申请途径

·发明

该国发明专利申请的途径分为以下两种方式：

（1）巴黎公约该国申请。

（2）PCT 国际申请指定该国。

· 工业设计

该国工业设计专利申请的途径为巴黎公约该国申请。

4. 斯里兰卡专利报价表

类型	费用名称	官费（美元）
发明	申请费	33
	公开费	11
	授权费	67
工业设计	申请费	20
	授权费	67

泰国

1. 泰国专利申请概述

泰国现行有效的专利制度主要由《专利法案》（1999 年版）进行规定。

专利保护的类型及保护期限

发明专利：自申请日起 20 年。

实用新型：自申请日起 6 年

外观设计：自申请日起 10 年。

接受申请文本语言

英语或泰语。

2. 泰国专利申请的审查制度

· 发明

泰国发明专利申请程序与我国有所不同，差异在于：专利初审后，相关部门会对其进行检索，符合要求后公开；若提出优先权申请，申请人应在 90 天内提交已申请专利国的检索报告。逾期未提交的，视为放弃申请。若专利局认为有必要，可以将上述期限延长；任何人可以在专利公布日起九十天内提起专利异议程序。提起异议程序后 90 天内双方需进行抗辩，逾期视为异议人放弃其异议申请；专利公布后五年内，或专利被提异议或被起诉的终审判决作出日起一年内，申请人可向专利局申请实质审查，逾期的视为放弃专利申请。

· 小专利

泰国小专利类似与我国的实用新型专利，申请程序较我国复杂，差异在于：小专利和发明专利间在发明专利登记前和小专利被授权前，或发明专利和小专利公布前，可以互相转换，申请人可将专利申请日作为转换申请日；专利公开后 1 年内可申请专利实质审查。

· 工业设计

泰国工业设计程序为：专利申请、形式审查、早期公开、专利授权。

申请资料包括设计样品、设计描述、权利要求书。自在外国提交专利申请之日起六个月内享有优先权。不进行实质审查，故整个申请过程比较快。

3. 泰国专利申请途径

· 发明

该国发明专利申请的途径分为以下两种方式：

（1）巴黎公约该国申请。

（2）PCT 国际申请指定该国。

· 小专利

该国小专利申请的途径为巴黎公约该国申请。

· 工业设计

该国工业设计专利申请的途径为巴黎公约该国申请。

4. 泰国专利申请报价表

类型	费用名称	官费（泰铢）
发明	申请费	500
	公开费	250
	实审费	250
	授权费	500
小专利	申请费	250
	检索费	50
	公开注册费	500
工业设计	申请费	250
	公开费	250

文莱

1. 文莱专利申请概述

文莱现行有效的专利制度主要由《专利法》（2011 年）进行规定。

专利保护的类型及保护期限

发明专利：自申请日起 20 年。

实用新型：自申请日起 10 年

外观设计：自申请日起 10 年。

接受申请文本语言

马来语、英语。

2. 文莱专利申请的审查制度

· 发明

文莱发明专利与我国发明专利申请基本一致，差异在于：申请人得在提交申请的同时向专利局申请进行形式审查；申请人应自接到通知书之日起 15 日内申请实质审查，并缴纳检索、审查费用，逾期不申请实质审查视为放弃申请；实质审查符合要求专利局即颁发专利证书并进行授权，授权日期不得无故超过自申请日起 4 年；在某项专利申请注册前 12 个月内发生泄漏情形，不影响该申请新颖性。

· 实用新型

文莱发明专利与实用新型申请程序基本一致。

· 外观设计

文莱外观设计申请程序与我国基本一致，其流程为：专利申请、形式审查、早期公开、专利授权。

外观设计的申请书应当包括外观设计的再现、新颖性声明及其他相关事项。文莱实行注册登记制，如果通过形式审查，符合法律规定，申请人缴费后专利局公开申请并进行授权登记。授权登记应自申请人申请登记之日起 5 年内完成，最迟不超过 15 年。

3. 文莱专利申请途径

· 发明

该国发明专利申请的途径分为以下两种方式：

（1）巴黎公约该国申请。

（2）PCT 国际申请指定该国。

· 实用新型

该国实用新型专利申请的途径为巴黎公约该国申请。

· 外观设计

该国外观设计专利申请的途径为巴黎公约该国申请。

4. 文莱专利申请报价表

类型	费用名称	官费（文莱元）
发明	申请费	160
	检索费	1750
	实审费	2600
	授权费	200
外观设计	申请费	200
	公开费	250

乌兹别克斯坦

1. 乌兹别克斯坦专利申请概述

乌兹别克斯坦现行专利制度法律体系主要由《发明、实用新型和工业品外观设计法》（2011 年）组成。

专利保护的类型及期限

发明专利：保护期限 20 年，自优先申请日计算。

实用新型：保护期限 5 年，自申请日计算，可延长 3 年。

工业设计：保护期限 10 年，自申请日计算，可延长 5 年。

接受申请文本语言

乌兹别克语或俄语。

2. 乌兹别克斯坦专利申请的审查制度

· 发明

乌兹别克斯坦发明专利申请程序与我国有一定差异，差异在于：乌兹别克斯坦专利局对申请进行形式审查，若不符合规定，申请人有权在提交申请之日起的 2 个月内对形式要件进行补正，对于欠缺实质要件的申请，申请人可以在提交申请之日起 3 个月内进行补正；形式审查后专利局进行初步审查。但只在申请案中引证的现有技术水平以及专利局收藏的专利文献范围内作出新颖性和工业实用性的评价。审查合格的即在官方公报中公布；自专利申请日起 12 个月内根据申请人的书面请求进行新颖性、创造性、工业实用性的实质审查。经过审查作出授予专利权或驳回决定的即在官方公报中公布。乌兹别克斯坦的官方专利文献出版物为《发明、实用新型、工业品外观设计、商标公报》。

· 实用新型

乌兹别克斯坦实用新型申请程序较我国复杂，无需进行实质审查，但需要通过形式审查与初步审查，初步审查指在申请案中引证的现有技术水平以及专利局收藏的专利文献范围内作出新颖性和工业实用性的评价。通过初步审查，则专利局即授予专利权并在官方公报中公布。

· 工业设计

该国工业设计专利的申请同上述发明专利的申请规定。

3. 乌兹别克斯坦专利申请途径

· 发明

该国发明专利申请的途径分为以下两种方式：

（1）巴黎公约该国申请。

（2）PCT 国际申请指定该国。

· 实用新型

该国实用新型专利申请的途径为巴黎公约该国申请。

· 工业设计

该国外观设计专利申请的途径为巴黎公约该国申请。

以色列

1. 以色列专利申请概述

以色列 1967 年制定并实施了新的《专利法》，并于 1995 年 8 月对该法进行了修订；工业设计方面的立法，仍可以追溯到以色列建国之前英国托管下的巴勒斯坦地区实施的《专利和设计条例》（1924 年）。《专利法》仅就发明规定了两种类型的专利：一般发明专利和附属专利。外观设计的保护则由《外观设计条例》调整。

专利保护的类型及期限

发明专利：保护期限自申请日起 20 年。药品和医疗设备的专利保护期可在不超过自注册日起 14 年内申请延长。

外观设计：保护期限是 5 年，可延长两次，每次 5 年。

接受申请文本语言

希伯来语、阿拉伯语。

2. 以色列专利申请的审查制度

· 发明

以色列在发明专利申请流程中的公开以及实质审查环节都具有自身特点。发明专利申请人必须向"专利、设计和商标办公室"下属的专利办公室提出申请，申请表格的填写不仅要用希伯来文而且要用英文双语进行填写。

以色列专利公开分为两次。第一次公开在申请形式审查合格后进行，内容涉及有关申请的著录事项，包括发明专利、申请人姓名、申请日、优先权日、在先申请的国家、申请号等，不包括专利申请的实体内容。第二次公开是在专利局对专利申请进行实质审查并认可后进行，内容主要包括构成发明主要特征的说明书以及分类，在第二次公开后三个月，任何公众可以提出异议。

以色列实行自动实质审查，专利局根据分类对专利申请自动进行实质审查。

专利的审查时间可能长达 3 年。审查的结果，将刊登在公开出版的《专利杂志》上。在专利审查结果公布后的 3 个月时间内，任何人都可以提出反对意见，如果没有反对意见，或反对的理由被驳回，那么专利就被正式批准或注册了。

以色列规定外国优先权期限为 12 个月，如果由于不可抗力的原因而未能在 12 个月内提交申请，专利局可以延长该期限，而我国只能申请时同时提交。

- **外观设计**

以色列外观申请程序与我国大体一致，其流程为：专利申请、形式审查、早期公开、专利授权。

3. 以色列专利申请途径

- **发明**

该国发明专利申请的途径分为以下两种方式：

（1）巴黎公约该国申请。

（2）PCT 国际申请指定该国。

- **外观设计**

该国外观设计专利申请的途径为巴黎公约该国申请。

4. 以色列专利申请报价表

类型	费用名称	官费（美元）
发明	申请费	540
	实审费	270
外观设计	申请费	55

印度尼西亚

1. 印度尼西亚专利申请概述

印度尼西亚现行专利法律体系主要由《专利法》（2001 年）、《工业品外观设计法》（2000 年）组成。

专利保护的类型及期限

发明专利：保护期限自申请日起 20 年。

简单专利：保护期限自申请日起 10 年。

工业设计：保护期限自申请日起 10 年。

接受申请文本语言

印度尼西亚语。

2. 印度尼西亚专利申请的审查制度

· 发明

印度尼西亚申请程序与我国类似。印度尼西亚专利局规定早期公示期限为 18 个月。与我国不同的是，任何人可以在早期公开阶段提出异议，专利局对异议进行审查。申请人自提交申请之日起 36 个月内向专利局要求进行实质审查，逾期不提出实质审查申请视为撤回申请。自公告之日届满或收到实质审查申请之后的 36 个月内完成实质审查。通过实质审查后，专利局颁发专利证书。

· 简单专利

印度尼西亚简单专利类似与我国的实用新型专利，但可应申请人请求进行实质审查。专利局对简单专利进行形式审查，自提交专利申请之日起 3 个月内审查完毕并出具审查报告。形式审查通过者，专利局即进行公示。早期公示期限为 3 个月。

申请人自提交申请之日起 6 个月内可向专利局提出实质审查请求，逾期不提出此申请的视为撤回申请。实质审查自公告之日届满或收到实质申请申请之后的 24 个月内完成。

・工业设计

印度尼西亚工业设计仅进行形式审查，不进行实质审查。对于不符合法律规定的，专利局在形式审查后将驳回通知送达申请人或其代理人，申请人可以再收到通知之日起 30 日内提出异议。符合条件的应自提交申请之日起 3 个月内予以公布，并授权。

申请人在申请时得要求迟延公布，但不得超过自申请日（有优先权日的为优先权日）起 12 个月。

3. 印度尼西亚专利申请途径

・发明

该国发明专利申请的途径分为以下两种方式：

（1）巴黎公约该国申请。

（2）PCT 国际申请指定该国。

・简单专利

该国简单专利申请的途径为巴黎公约该国申请。

・工业设计

该国工业设计专利申请的途径为巴黎公约该国申请。

4. 印度尼西亚专利申请报价表

类型	费用名称	官费（美元）
发明	申请费	80
	实审费	260
	授权费	30
简单专利	申请费	65
	实审费	260
	授权费	0（无需缴纳）
工业设计	申请费	80
	检索	25

世界
专利申请
实务
Patent
Application

第二章／欧洲专利申请

欧洲申请制度概述

欧洲申请途径介绍

欧洲PCT成员国专利制度

一 欧洲申请制度概述

欧洲是世界专利保护的发源地，其在鼓励科技创新，保护知识产权，推动企业投资科技与发展方面的改革也是成功的。欧洲专利制度改革的最大特点，是简化申请注册手续，减轻注册者的经济负担，把知识产权保护的权力集中，实现专利制度一体化。

随着知识经济的兴起，欧洲各个国家都相继完善自己国家的专利相关立法，并且联合多个国家形成专利制度的区域共同体，在一定范围内对专利相互承认，这为专利在各个国家和地区的发展带来了极大的便利。

欧洲专利可以在其 34 个缔约国和 4 个延伸国范围内进行保护。延伸国不是欧洲专利条约的正式签约国，但是通过与欧洲专利局达成的协议，一项欧洲专利申请可以包括这些延伸国。欧洲专利局所接受的专利申请语言包括英文、法文和德文。但是在专利获得授权时，需要将待授权专利的权利要求书翻译出其他两个语种的翻译译文。欧洲专利授权条件与我国基本相同，总体上欧洲专利申请步骤主要分为六个步骤：1. 提出申请，向欧洲专利局提交的申请文件所包括的内容应与中国专利申请文件一致，所使用语言应为英语、法语和德语这 3 种官方语言之一。2. 欧洲专利局检索，申请人以此检索结果为依据来评估其发明的专利性和获得授权的可能性。3. 公布专利申请，欧专局将于自优先权日起 18 个月内公布专利申请 4. 提出实质审查请求和实质审查，申请人应在申请同时或在欧专局的检索报告公布日起 6 个月内提出实质审查请求。5. 欧洲专利授权，欧洲专利并不取代国家专利。6. 在欧洲成员国生效，申请人一般在收到授权通知后决定生效国，并将选择结果通知欧洲专利局。

欧洲各国经济、科技发展具有相似性和密切联系，欧洲专利制度旨在提供成员国共同授予专利的机制，一体化程度逐渐加深，欧洲目前建立的组织有：欧洲专利局（EPO），欧洲专利组织下设行政管理委员会和 EPO。行政管理委员会为欧洲专利公约组织的立法机构，主要职能是批准 EPO 局长提出的预算及其执行草案，修改与收费有关的实施条例和细则。欧盟有权以观察员身份参加行政管理委员会会议。

欧洲专利局（EPO）

EPO 是欧洲专利组织的执行机构，主要职能是负责各成员国申请人提交的欧洲专利申请的审批工作，其建立以 EPC 为法律基础，活动受行政管理委员会监督。截至目前，EPO 已有 34 个成员国（见下表）和 4 个延伸国（阿尔巴尼亚、波斯尼亚与黑塞哥维那、马其顿共和国以及塞尔维亚）。欧洲专利组织为其成员国提供了依照统一的程序和实体标准申请专利并获得专利授权的途径。申请人可指定一个、几个或全部成员国，一旦该申请被授予专利权，即可在所有指定国生效，与各指定国依照本国专利法授权的专利具有同等效力。

欧洲专利只保护发明专利，有效期为自申请日起 20 年。不对实用新型和外观进行保护 EPO 仅负责欧洲专利的审查、授权和异议，对于欧洲专利的维持、行使、保护，以及他人请求宣告欧洲专利无效，均由各指定国依照本国专利法进行。

EPO 成员国一览表

国家	国别代码	国家	国别代码
奥地利	AT	冰岛	IS
比利时	BE	意大利	IT
保加利亚	BG	列支敦士登	LI
瑞士	CH	立陶宛	LT
塞浦路斯	CY	卢森堡	LU
捷克	CZ	拉脱维亚	LV

国家	国别代码	国家	国别代码
德国	DE	摩纳哥	MC
丹麦	DK	马耳他	MT
爱沙尼亚	EE	荷兰	NL
西班牙	ES	波兰	PL
芬兰	FI	挪威	NO
法国	FR	葡萄牙	PT
英国	GB	罗马尼亚	RO
希腊	GR	瑞典	SE
匈牙利	HU	斯洛文尼亚	SI
克罗地亚	HR	斯洛伐克	SK
爱尔兰	IE	土耳其	TR

欧洲专利局（EPO）发布的欧洲专利申请官费一览表

欧洲专利申请	
项　　目	官费（欧元）
提交欧洲专利申请（可至多含 10 项权利要求）	200
提交新颖性检索请求	1165
提交实质审查	1555
指定生效国	555
欧局新颖性补充检索（可选）	1165
授权过程	875

　　欧洲目前建立的组织还有比荷卢知识产权局（BOIP），欧洲内部市场协调局（OHIM）。

比荷卢知识产权组织（BOIP）

比荷卢知识产权组织是欧洲的一个区域性国际组织。比荷卢知识产权局作为此组织的一部分，负责处理比利时、卢森堡、荷兰三国的商标和外观设计申请。

现有成员国：比利时、荷兰、卢森堡。提交申请后 BOIP 会先进行最基本的形式审查，如申请是否包括设计的说明，是否提及申请人的信息，是否在申请后一个月按要求支付了相关费用等。只有满足了形式审查的要求，申请日期才可被确定。此次形式审查过后，BOIP 会进一步审查其他形式要件，但不会进行实质审查，因此外观设计的新颖性和独特性等都不在审查范围内。已登记的外观设计仅在比利时、卢森堡、荷兰受保护，保护期为 5 年，最长为25 年。

欧洲内部市场协调局（OHIM）

欧盟内部市场协调局是根据欧盟法建立的欧盟官方机构，该机构主要负责欧盟成员国内的外观设计和商标的注册工作。欧盟内部市场协调局现已有 27个成员国，并与这些成员国的知识产权局有着密切的业务往来，对推动整个欧洲的知识产权事业具有积极地影响。欧盟内部市场协调局针对 2011 至 2015 年制定了明确的战略计划，致力于全面提高信息化水平，打造欧洲一流的知识产权信息交互平台。在欧盟内部市场协调局提交的商标以及外观设计申请，可在27 个成员国生效，且不可选择生效国。对于工业品外观设计来讲，官方费用主要涉及登记以及公开两个方面，分别是 230 欧元和 120 欧元，共计 350 欧元。具体成员国列表，请参见以下表 1.

国家	国别代码	国家	国别代码
奥地利	AT	立陶宛	LT
比利时	BE	卢森堡	LU
保加利亚	BG	拉脱维亚	LV
塞浦路斯	CY	葡萄牙	PT
捷克	CZ	罗马尼亚	RO
德国	DE	瑞典	SE
丹麦	DK	马耳他	MT
爱沙尼亚	EE	荷兰	NL
西班牙	ES	波兰	PL
芬兰	FI	斯洛文尼亚	SI
法国	FR	斯洛伐克	SK
英国	GB	爱尔兰	IE
希腊	GR	匈牙利	HU

表 1

二　欧洲申请途径介绍

随着欧洲专利制度一体化进程的加快，欧洲建立了较为完善的专利申请制度，而目前欧洲地区上述的 4 个专利区域性组织在推动欧洲专利体系发展乃至区域经济发展的过程中都扮演着重要的角色。欧洲专利局（EPO）、欧亚专利局（EAPO）、比荷卢知识产权局（BOIP）、欧洲内部市场协调局（OHIM），这 4 个组织中接受发明专利申请的有欧洲专利局和欧亚专利局。而欧洲内部市场协调局和比荷卢知识产权组织只受理商标和外观设计专利申请。

对于发明专利申请，欧洲专利局（或欧亚专利局 EAPO）发明专利申请分为以下几类途径：

    1.巴黎公约国家途径 / 巴黎公约 EPO 途径（见图 5）

    2.PCT 国家途径 /PCT 国际申请选定 EPO 途径（见图 6）

    3.巴黎公约 EAPO 途径 /PCT 国际申请选定 EAPO 途径（见图 7）

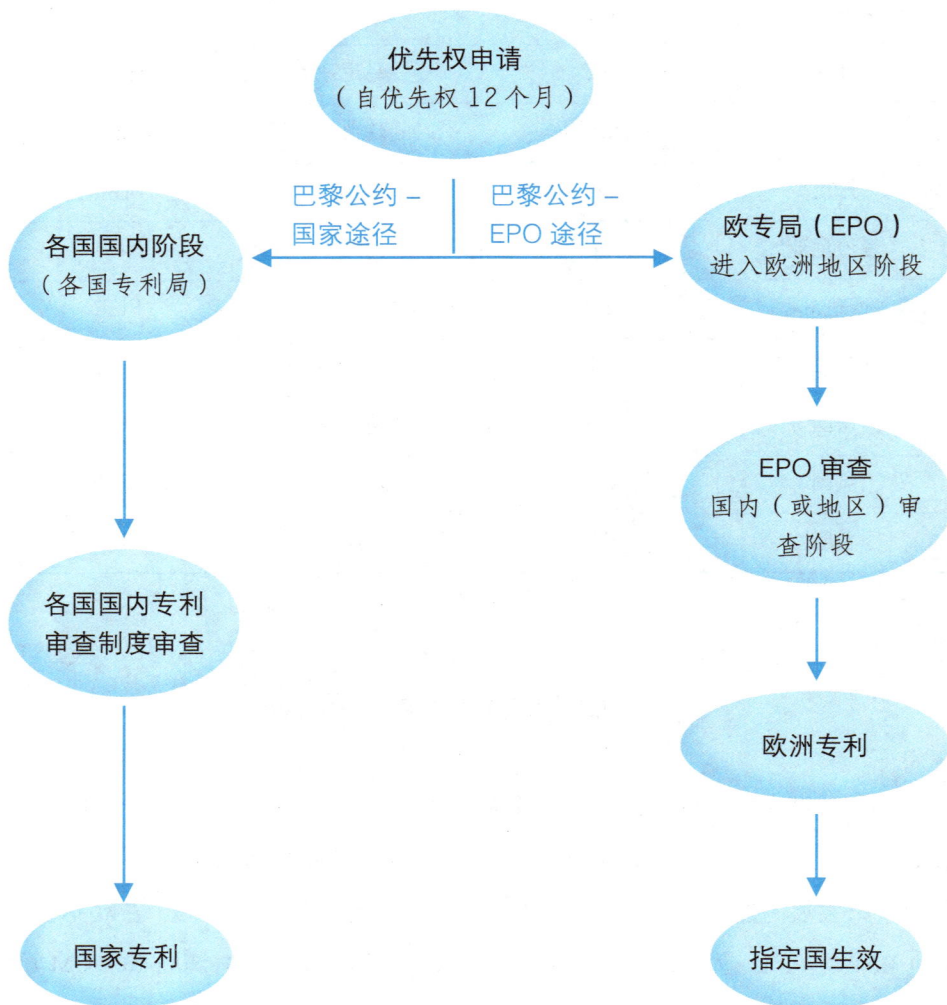

图 5　欧洲专利局发明专利申请的巴黎公约途径

优先权申请
（自优先权12个月）

PCT 国家申请
（自优先权30/31个月）

国际检索，生成国际检索报告

国际公开

PCT– 国家途径　　PCT– EPO途径

各国国内阶段
（各国专利局）

指定成员国
（进入EPO阶段）

EPO 审查
国内（或地区）审查阶段

各国国内专利审查制度审查

欧洲专利

国家专利

指定国生效

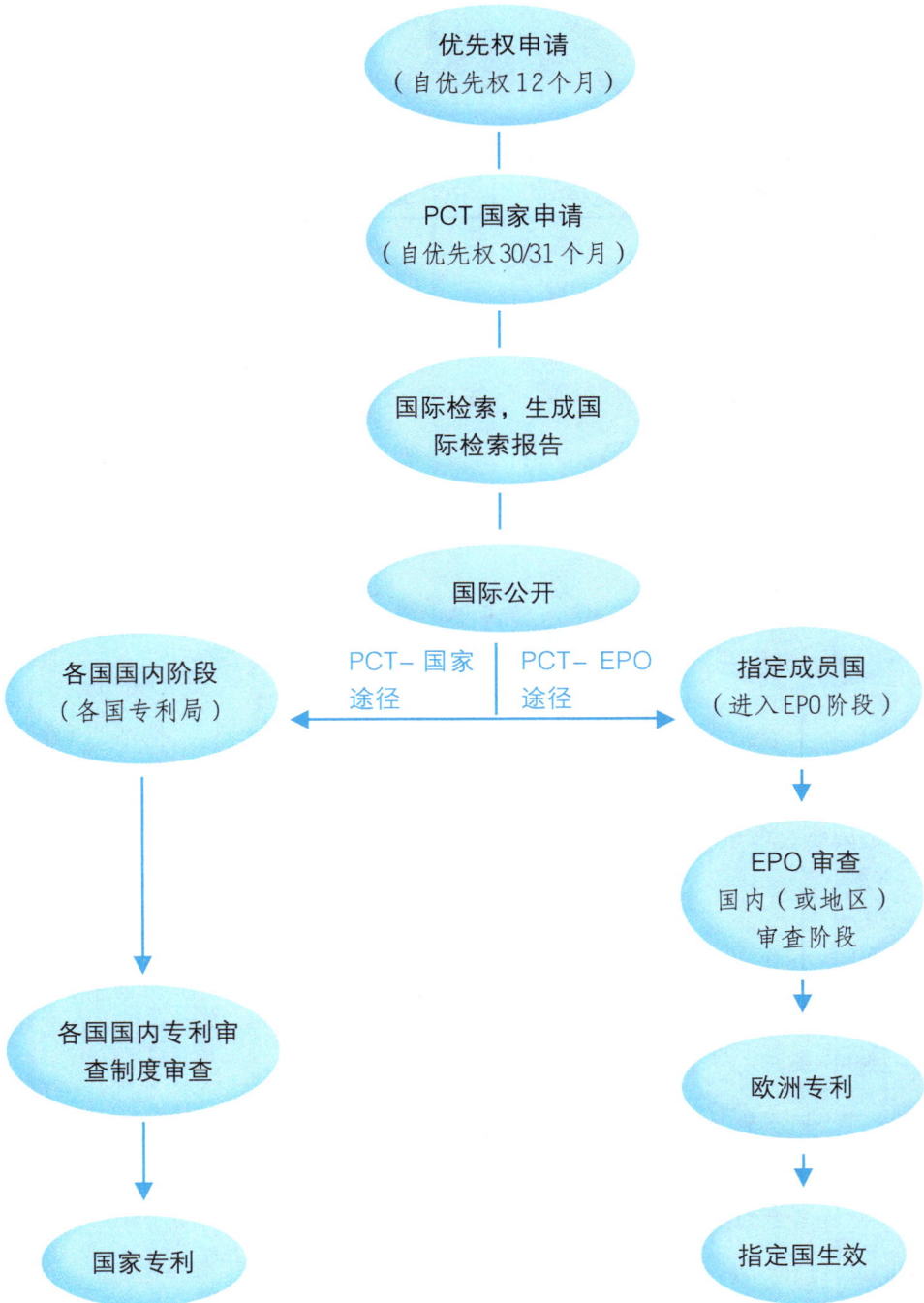

图 6　欧洲专利局发明专利 PCT 申请途径

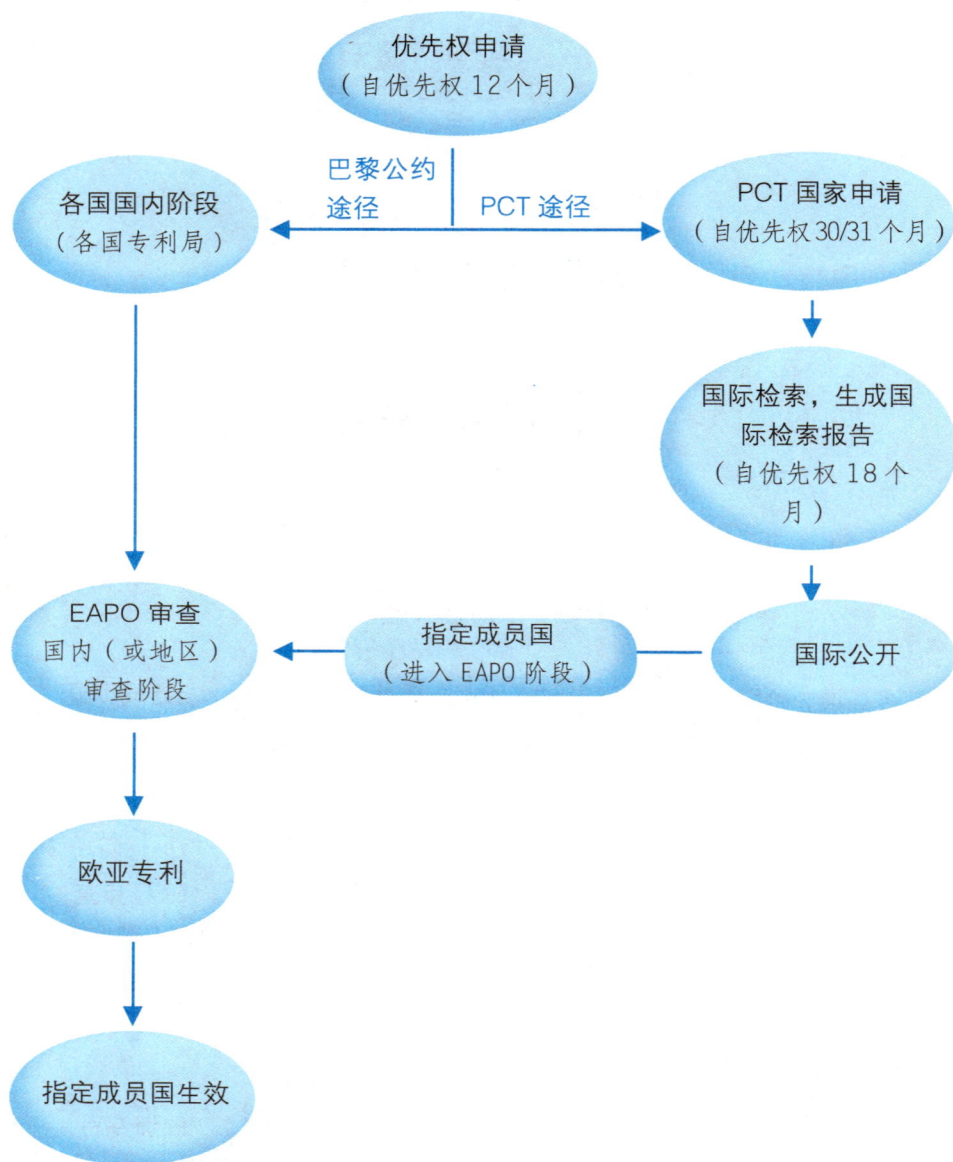

图 7　亚欧专利局发明专利申请途径

欧洲各专利组织并不受理实用新型专利申请，通常是由各个国家自己的专利制度进行保护。对于在欧洲申请实用新型专利一般途径为巴黎公约国家申请，PCT－国家申请在实际中并不常见（见图 8）。

优先权申请
（自优先权 12 个月）

各国国家专利机构

巴黎公约途径　　PCT 途径

PCT 国家申请

国际检索，生成国际检索报告
（自优先权 31 个月）

各国国内专利审查制度审查

指定成员国
（进入 EAPO 阶段）

国际公开
（自优先权 18 个月）

实用新型专利

指定国家（进入指定国国内阶段）

国内审查

实用新型专利

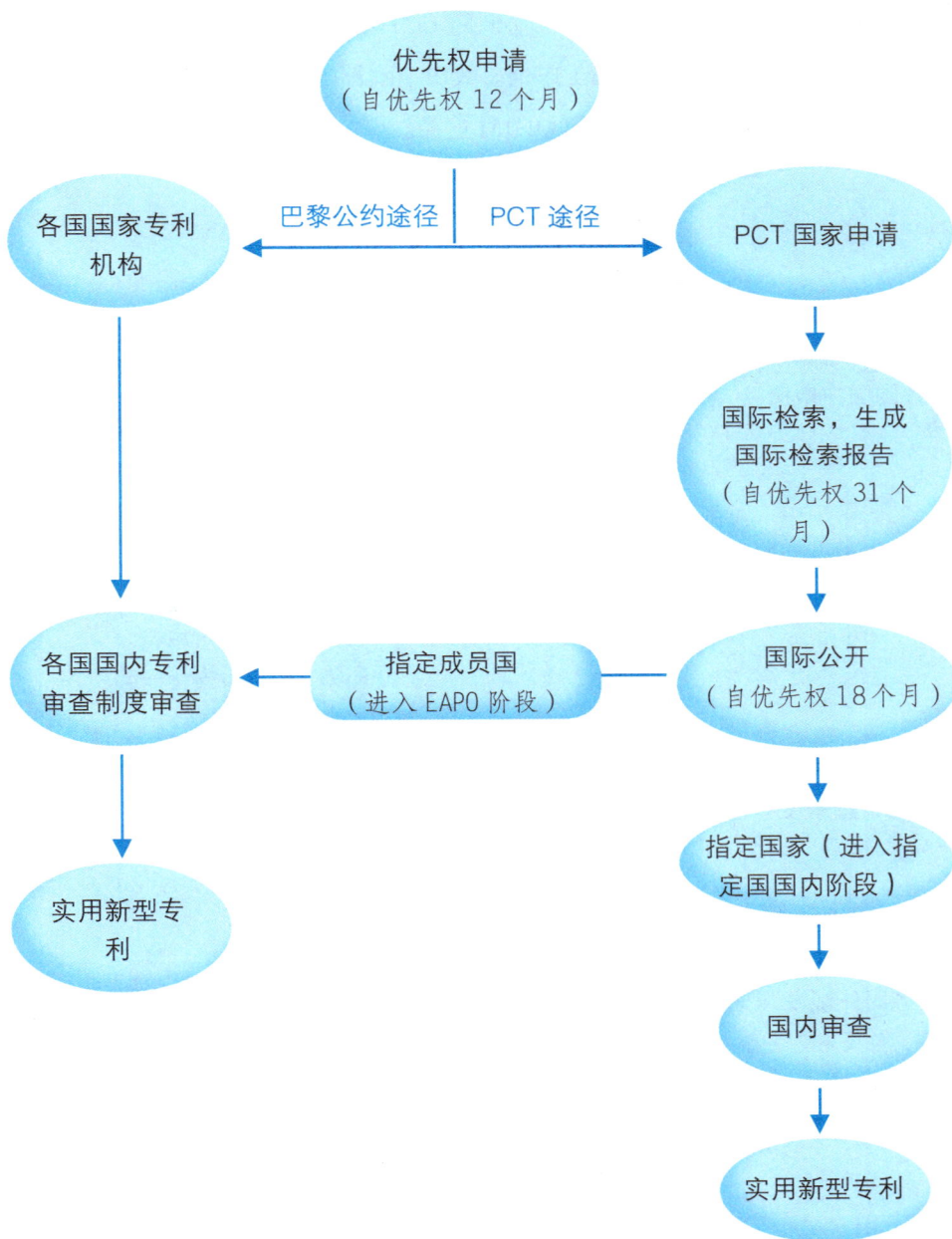

图 8　欧洲国家实用新型专利的巴黎公约和 PCT 途径

对于外观设计专利申请，欧洲大部分国家的外观设计专利都可通过巴黎公约途径获得。还可向欧洲市场内部协调局（OHIM）提交欧共体外观（RCD，Registered Community Design）申请。故申请欧洲国家外观设计专利主要有两条申请途径，即巴黎公约途径和 OHIM 途径。

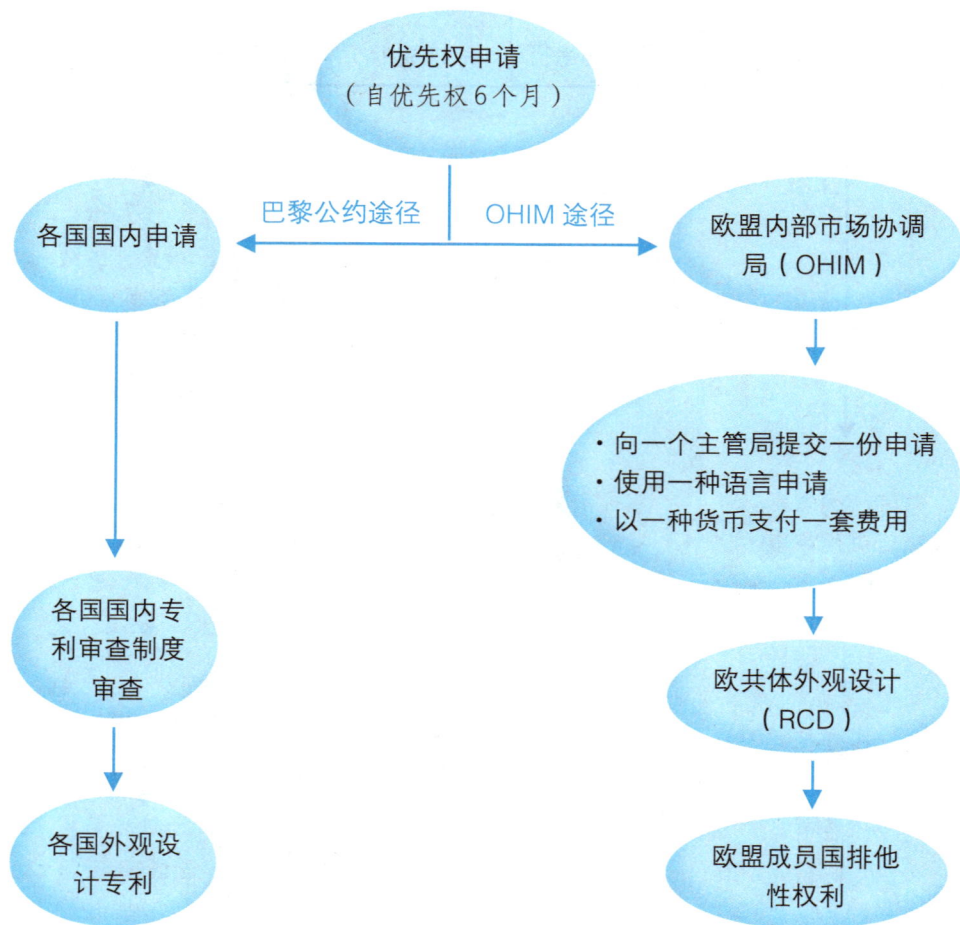

图 9　欧洲国家外观设计专利申请的国家途径和 OHIM 途径

三 欧洲 PCT 成员国专利制度

欧洲 PCT 成员国列表

- 德国 / 90
- 荷兰 / 95
- 爱尔兰 / 100
- 比利时 / 105
- 波兰 / 109
- 芬兰 / 113
- 捷克 / 117
- 立陶宛 / 121
- 罗马尼亚 / 125
- 葡萄牙 / 130
- 塞浦路斯 / 135
- 斯洛文尼亚 / 139
- 希腊 / 144
- 挪威 / 148
- 冰岛 / 152
- 白俄罗斯 / 156
- 波斯尼亚和黑塞哥维那 / 160
- 马其顿 / 163
- 乌克兰 / 168

- 英国 / 93
- 法国 / 97
- 保加利亚 / 102
- 奥地利 / 107
- 丹麦 / 111
- 意大利 / 115
- 拉脱维亚 / 119
- 卢森堡 / 123
- 马耳他 / 128
- 瑞典 / 133
- 斯洛伐克 / 137
- 西班牙 / 141
- 瑞士 / 146
- 克罗地亚 / 150
- 俄罗斯 / 154
- 摩尔多瓦 / 158
- 黑山 / 162
- 塞尔维亚 / 165

德国

1. 德国专利概述

现行的德国专利法体系由《专利法》（1936 年制定，1980 年、2009 年、2013 年修正）、1976 年《国际专利条约法》、1968 年的《实用新型法》及 2004 年制定的《外观设计改革法》组成。

专利保护的类型及期限

发明专利：保护期限为自申请日为 20 年，不能续展。如果对某项发明专利的基础上进行改进并申请的专利称为追加专利，只能由拥有其原专利或原专利申请的申请人提出。一项追加专利必须在其原专利的申请日（如果有优先权，指优先权日）起 18 个月内提出，追加专利的有效期是自其原专利申请日起至原专利期限届满为止。

实用新型：保护期限最长为 10 年，自申请日次日起自动保护 3 年，期满后可续展 3 次，第一次 3 年，其后两次为 2 年。

外观设计：保护期限最长为 25 年。自申请日次日起自动保护 5 年，期满后可续展 4 次，每次 5 年。

接受申请文本语言

德语。

2. 德国专利申请审查制度

·发明

德国的发明专利审查程序依照提交申请、独立检索（此程序为可选程序）、早期公开、实质审查、授权程序进行，在此过程具有以下特点：

独立检索是德国申请程序中的显著特点，主要是检索专利的新颖性，作为专利申请可专利性的初步判断依据，据此，申请人可据此选择是否继续提交实质审查请求，独立检索为可选择程序。

德国采用延迟审查制度，规定申请人自专利申请日起 7 年之内提出实质审查请求，这与国际普遍采用的申请人在 3 年之内提交实质审查请求的规定相比对申请人更为有利，若 7 年之内不提交，则专利申请被视为自动撤回。

在实质审查通过后，专利局"临时批准"专利并予以公布；公布 3 个月[①]内，任何第三方均有权提出异议，如果无异议或异议不成立，则"正式批准"专利。

·实用新型

德国对实用新型只进行形式审查，对其是否满足新颖性、创造性和实用性不进行审查。这种对实质性的审查留待在侵权程序或无效宣告程序中进行。

·外观设计

在德国外观设计法中，可专利性的判断标准由独创性变为独特性。独特性的概念是：如果一项外观设计对有辨别能力的用户产生的整体印象不同于申请日前公开的任一其他外观设计对其产生的整体印象，则该外观设计具备独特性，即该标准的判断主体由以往的设计者改为有辨别能力的用户。

3. 德国专利申请途径

·发明

国外向德国申请专利的途径分为以下三类途径，共五种方式：

（1）PCT 途径：

　　　PCT 该国申请；

　　　PCT 指定 EPO 申请指定该国。

（2）巴黎公约途径：

　　　该国申请；

　　　EPO 申请指定该国。

（3）中德 PPH 途径。

---

①　2013 年 10 月 19 日《德国专利法以及其他工业产权法修正案》中规定，针对发明专利提起异议的期限将由 3 个月延长至 9 个月，同时异议程序中的听证将公开进行。该修正案于 2014 年 4 月 1 日生效。

·实用新型

该国申请实用新型专利的途径为巴黎公约。

·外观设计

国外申请德国外观设计专利的途径分为两类，共两种方式：

（1）巴黎公约途径：该国申请。

（2）OHIM途径：欧共体外观（RCD）。

4.德国专利申请报价表

类型	费用名称	官费（欧元）
发明	申请费	60
	检索费	250
	实审费	350（未做在先检索）/ 150（已检索）
实用新型	申请费	40
	检索费	250（可选项目）
外观设计	申请费	70（含5年续展费）

英国

1. 英国专利申请概述

1623 年英国国会通过并颁布了《垄断法》，并于 1624 年开始实施。这个法规被认为是具有现代意义的世界上第一部专利法，标志着现代专利制度步入发展阶段。

英国的《垄断法》于 1624 年开始实施，并于 1977 年重新修订《专利法》，现行专利制度主要由《专利法》（2004），《版权、工业品外观设计和专利法》（1988）组成。

专利保护的类型及期限

发明专利：保护期限为 20 年。

外观设计：自申请之日起自动保护 5 年，可续展四次，每次 5 年，最长不超过 25 年。

接受申请文本语言

英语。

2. 英国专利申请的审查制度

·发明

英国发明专利申请程序与中国有一定差异，其授权流程为：专利申请、形式审查、检索、早期公开、实质审查、专利授权。

主要差异在于：（1）检索：英国知识产权局在收到申请人提交的检索表格之后，将检索已公开的现有技术，以确定该申请是否具有新颖性，或者是显而易见性，并将检索到的文件的副本发送给申请人。如果申请的某一处或某几处不符合形式要求，英国知识产权局也会向申请人发出通知。 从收到申请人请求检索的表格到得到检索结果，英国知识产权局需要花费的时间 3-4 个月。中国在专利申请中，并无此程序。（2）享有 12 个月优先权，但优先权文件认证本可于优先权日起 16 个月内补交。

·**外观设计**

英国外观设计采用注册制度，要求具有相对新颖性，无法单独使用或纯功能性的造形设计不能取得外观设计专利。享有 6 个月优先权，申请时即需主张，优先权文件认证本可于优先权日起 3 个月内补交。英国外观设计在大部分英联邦国家都可得到保护。

3. 英国专利申请途径

·**发明**

国外申请此国专利的途径分为以下两类途径，共四种方式：

（1）PCT 途径

　　PCT 该国申请；

　　PCT 指定 EPO 申请指定该国。

（2）巴黎公约途径

　　该国申请；

　　EPO 申请指定该国。

·**外观设计**

国外申请此国外观设计专利的途径分为两类，共两种方式：

（1）巴黎公约途径：该国申请。

（2）OHIM 途径：欧共体外观（RCD）。

4. 英国专利申请报价表

类型	费用名称	官费（英镑）
发明	申请费	30
	检索费	150
	实审费	100
	授权费	50
外观设计	申请费	60（首件申请） 40（第二件起）

荷兰

1. 荷兰专利申请概述

荷兰现行专利制度主要由 2008 年修改的《专利法》，和 2002 年 6 月 13 日修改的《专利法中关于专利代理人的规定》进行规定。

专利保护的类型及期限

发明专利：保护期限为 20 年，自第 4 年起续展。

外观设计：外观设计自动保护 5 年，可续展四次，每次 5 年，最长可以保护 25 年。

接受专利申请文本语言

荷兰语。

2. 荷兰专利申请的审查制度

·发明

荷兰发明专利的申请制度与我国不同，发明专利申请无需经过实质审查即可授权，但是，申请人需自申请之日起十三个月内提出新颖性检索要求。

申请提交到荷兰专利局之后，专利局首先对申请进行形式审查，审查通过之后，自申请之日起满十八个月公开。

·外观设计

荷兰的外观设计可通过 BOIP（Benelux Office for Intellectual Property）比卢荷知识产权局进行登记和保护。比卢荷知识产权局由比卢荷经济联盟的管理委员会监管，负责比利时、卢森堡和荷兰的外观设计和商标的注册及保护。由 BOIP 审核通过的外观设计自动在该三个国家生效。

BOIP 不对外观设计进行实质审查，只进行形式审查并审查其不与公共政策及社会道德相违背。

3. 荷兰专利申请途径

·发明

国外向该国申请专利的途径分为以下两类途径，共 4 种方式：

（1）PCT 途径

PCT 该国申请；

PCT 指定 EPO 申请指定该国。

（2）巴黎公约途径

该国申请；

EPO 申请指定该国。

·外观设计

国外申请该国外观设计专利的途径分为三类，共三种方式：

（1）巴黎公约途径：该国申请。

（2）OHIM 途径：欧共体外观（RCD）。

（3）比荷卢途径：指定比荷卢知识产权局。

4. 荷兰专利申请报价表

类型	费用名称	官费
发明	申请费	360（NAF）
	检索费	100（Euro）
	授权费	27（Euro）
外观	申请费	180（NATF）

法 国

1. 法国专利申请概述

法国是世界上最早建立专利制度的国家之一，它对知识产权的保护有着悠久的历史。早在法国大革命(1793年)前，法国就以特权证书的形式对发明加以保护。在1791年1月7日法国颁布首部专利法（Protection de la propriété des auteurs de découvertes dites "utiles"）。1806年，法国颁布世界上第一部外观设计专门法。之后，法国的专利法和外观设计专门法不断修改，目前法国的专利制度主要由《知识产权法典》（最新由2012年5月3日第2012-634号法令修改）加以规定。

法国专利保护的类型及期限

发明专利：保护期限为20年。有关药物、药物制备方法、药物生产所必须的产品或该产品的制备方法可以享有最长5年的专利期限延长期。

实用新型：保护期限为6年。

外观设计：保护的期限为5年，并可续展四次，每次5年，最长不超过25年。

接受申请的文本语言

法语。

2. 法国专利申请的审查制度

法国专利法诞生比较早，起初的发明专利授予条件仅包括新颖性和实用性，专利申请文件也不包括权利要求书，因而最早的法国专利不经实质审查即授予专利权。其后，随着世界各国专利制度的发展，法国专利法将创造性也作为专利授予的实质性条件，引入专利审查制度。但发展到现今阶段，法国专利法对于实质审查要求较低，非常有限，这也使得通过法国国内申请专利非常容易。

·发明

法国发明专利进行有限的实质审查，对专利的实质审查有限且并不严格，这主要表现在：对于创造性和实用性不做审查，仅对明显不属于发明的客体、明显不属于可授予专利的发明或明显缺乏新颖性的发明予以驳回，将专利检索报告提供给申请人和公众以方便对专利效力进行评价。

因在实践中，申请人需要借助检索评价报告才能判断申请的可专利性，进而决定是否进行欧洲及国际申请，所以极少有申请人申请延期，故法国第 2008-1301 号法令取消了延迟专利延期审查制度。由于不进行实质审查，专利申请周期相对较短，一般可于专利申请日之后 27 个月内获得专利权。

·实用新型

不同于中国、德国等国的实用新型，法国实用新型专利既保护产品又保护方法，称为实用证书，但不进行实质审查。

在法国申请发明专利的申请人须自申请日起 18 个月内提出检索请求并缴纳相关费用，如果申请人在规定的期限内未提出检索请求或未缴纳相关费用，法国工业产权局（INPI）则依法向申请人颁发实用证书，该证书的保护期仅为 6 年。发明专利和实用新型只有发明对象能在某一工业领域（包括农业领域）制造和使用时，此项发明才被视为具有工业实用性。

·外观设计

法国对外观设计不进行实质审查。但它要求对富有经验的观察者而言，该产品的整体所引起的视觉印象完全不同于所有之前已经被披露的外观设计专利。

3. 法国专利申请途径

·发明

由于法国没有自己对专利进行实质检索的专门机构，实质检索通常委托欧洲专利局进行。所以，国外向该国申请专利的途径分为以下两种方式：

（1）PCT 途径

PCT 国际申请选定 EPO。

（2）巴黎公约途径

EPO 指定该国生效。

·实用新型

国外向该国申请实用新型专利的途径为巴黎公约 EPO。

· 外观设计

国外申请该国外观设计专利的途径为两类，共两种方式：

（1）巴黎公约途径：该国申请。

（2）OHIM 途径：OHIM 申请，欧共体外观（RCD）。

4. 法国专利报价表

类型	费用名称	官费（欧元）
发明	申请费	26/13（对于 1000 人以下的企业申请，可以减免 50%）
	检索费	500/250
	授权费	86/43
实用新型	申请费	38
外观设计	申请费	38

爱尔兰

1. 爱尔兰专利申请概述

爱尔兰现行专利制度法律体系主要由《专利法》（2006 年修订），《工业品外观设计法》（2001 年），《知识产权法》和《工业和商业产权保护法》（1958 年修订）等组成。

专利保护的类型及期限

发明专利：保护期限为 20 年。

短期专利：保护期最长 10 年。

外观设计：自申请之日起自动保护 5 年，可续展 4 次，每次 5 年。

接受专利申请文本语言

英语。

2. 爱尔兰专利申请的审查制度

· 发明

爱尔兰专利申请程序与我国差异较大。其差异在于：申请人需提交检索报告或提供相关证据来证明其发明的新颖性。若相同申请已通过英国、德国或欧洲专利局检索，则可算作相关证据。检索报告或相关证据应在自申请日起 21 个月内提交；爱尔兰发明专利申请无需实质审查。若有人对专利持有异议，可要求对申请的专利性提出进一步实质审查，审查其新颖性、创造性及实用性。

· 短期专利

爱尔兰短期专利类似于我国的实用新型，要求新颖性、实用性，而不要求创造性。

与我国实用新型差异在于：权利要求不超过 5 条；正常情况下不需要提交检索报告证明其新颖性，若有人提出异议，则需提交检索报告。

申请人可就同一发明同时申请发明专利和短期专利，当授予发明专利时，之前获得的短期专利自动失效。

因为比发明专利申请程序更简单，短期专利的整个申请程序在 12 个月内即可完成。

· 外观设计

爱尔兰外观设计申请为复合申请，除装饰物外，一份申请中可以包含至多 100 项设计。采用登记制，通过形式审查后即可授予专利，无需实审。

3. 爱尔兰专利申请途径

· 发明

国外向该国申请专利的途径分为以下两类途径，共 4 种方式：

（1）PCT 途径

PCT 该国申请；

PCT 指定 EPO 申请指定该国。

（2）巴黎公约途径

该国申请；

EPO 申请指定该国。

· 短期专利

该国申请短期专利的途径为巴黎公约。

· 外观设计

国外申请该国外观设计专利的途径分为两类，共两种方式：

（1）巴黎公约途径：该国申请。

（2）OHIM 途径：欧共体外观（RCD）。

4. 爱尔兰专利报价表

类型	费用名称	官费（欧元）
发明	申请费	125（发明专利）/60（短期专利）
	检索费	200（专利）
	授权费	64(发明专利）/30（短期专利）
外观设计	申请费	70(每增加一件）

保加利亚

1. 保加利亚专利申请概述

保加利亚现行专利法律体系主要由《专利和实用新型注册法》（2010）和《工业品外观设计法》（2010）构成。

专利保护的类型及期限

发明专利：保护期限为 20 年。

实用新型：自申请之日起自动保护 4 年。可申请续展 2 次，每次 3 年。保护期最长为 10 年。

外观设计：自申请之日起自动保护 10 年，可续期 3 次，每次 5 年，最长不得超过 25 年。

接受专利申请文本语言

保加利亚语。

2. 保加利亚审查制度

· 发明专利

保加利亚发明专利申请流程同中国相似，在申请制度上存在一些差异。

保加利亚专利局对申请先进行初审，如不符合要求则会通知申请人在三个月内补正。若申请人不做回应或不能按要求补正申请，则审查程序将就此终结。

申请日（有优先权日的指优先权日）起满 13 个月，申请人才可提交检索报告和实审的请求，在提交实质审查请求的同时，申请人应同时支付检索报告和公开的费用。实审中如有问题，告知申请人有三个月时间做答复，若申请人不做答复或其答复毫无根据，则专利局会做出驳回申请的决定。

若申请人不做实审及检索报告请求，或不支付相关费用，申请人可选择将申请转化为实用新型申请。若申请人不提转化申请，也不支付相关费用，则原专利的申请将被视为撤回。

申请日（有优先权日的指优先权日）18 个月后公开，也可以依申请人申请提前公开；公开后三个月内任何第三方可提出对此申请专利性的质疑。

· 实用新型

保加利亚实用新型同中国类似，都无需实质审查，专利局先对申请进行形式审查，若有问题会通知申请人，申请人有一个月的时间补正。此审查过后申请将被专利局再次审查，审查内容包括：申请的说明是否符合规定；申请是否符合单一性；是否属于不受保护的范围；是否不明显与工业申请的要求所冲突。若有问题将通知申请人，申请人有三个月的时间改正。

申请人可以申请检索报告并支付相关费用。

申请人可要求延后登记，不得晚于申请日（有优先权日的指优先权日）起15 个月。

· 外观设计

保加利亚外观设计专利申请，需首先经过主管局形式审查，通过之后的两个月内，再进行复审，主要是审查申请是否符合外观设计的规定以及是否有违公共秩序及道德。审查通过之后，通知申请人一个月内支付相关费用，缴纳费用之后一个月内予以登记注册。

3. 保加利亚专利申请途径

· 发明

国外向该国申请专利的途径分为以下两类途径，共 4 种方式：

（1）PCT 途径

PCT 该国申请；

PCT 指定 EPO 申请指定该国。

（2）巴黎公约途径

该国申请；

EPO 申请指定该国。

· 实用新型

该国申请实用新型专利的途径为巴黎公约该国申请。

· 外观设计

国外申请该国外观设计专利的途径分为两类，共两种方式：

（1）巴黎公约途径：该国申请。

（2）OHIM 途径：欧共体外观（RCD）。

4. 保加利亚专利报价表

类别	费用名称	官费（欧元）
发明	申请费	30
	检索费	190
	实审费	（审查以及检索）
	授权费	100
实用新型	申请费	30
	审查费	100
	公开费	25
	登记费	50

比利时

1. 比利时专利申请概述

比利时现行专利制度主要由《专利法实施细则》（2011年），《专利法》（2008年）等构成。

专利保护的类型

发明专利：保护期限为20年，在第2年缴纳年费。

外观设计：自动保护5年，可续展4次，每次5年，最长可以保护25年。

接受专利申请的文本语言

荷兰语、法语、德语。

2. 比利时专利申请的审查制度

·发明

比利时发明专利申请流程与我国差异较大，主要体现在两国的审查程度上。

申请比利时发明专利，在申请人提交申请之后，专利局首先进行形式审查，符合要求之后，自发明专利申请日（或优先权日）起18个月公开。申请无需进行实质审查，公开即授予专利权。

申请人自申请日（或优先权日）起18个月内可以向专利局提出新颖性检索请求，专利局检索之后出具检索报告。

·外观设计

比利时的外观设计通过比卢荷知识产权局进行登记和保护。由比卢荷知识产权局审核通过的外观设计自动在该国生效。

比卢荷知识产权局不对外观设计进行实质审查，只进行形式审查，并审查其是否与公共政策及社会道德相违背。

3. 比利时专利申请途径

· 发明

国外向该国申请专利的途径分为以下两类途径，共 4 种方式：

（1）PCT 途径

PCT 该国申请；

PCT 指定 EPO 申请指定该国。

（2）巴黎公约途径

该国申请；

EPO 申请指定该国。

3.2 外观设计专利途径

国外申请该国外观设计专利的途径分为三类，共三种方式：

（1）巴黎公约途径：该国申请。

（2）OHIM 途径：欧共体外观（RCD）。

（3）比荷卢申请途径。

4. 比利时专利申请报价表

类型	费用名称	官费（欧元）
发明	申请费	50
	检索费	300
	授权费	12
外观设计	申请费	40

奥地利

1. 奥地利专利申请概述

奥地利现行专利制度主要法律为《专利法1970》（2011），1984年和1994年版本已被替代；《实用新型法》（2011）；《1990年6月7日联邦工业品外观设计保护法》（2011年修订）。

专利保护的类型及期限

发明专利：保护期限为20年。

实用新型：保护期为10年。

外观设计：申请之日起自动保护5年。可续展4次，每次5年。

接受专利申请文本语言

德语。奥地利申请所需基本文件也可通过英语和法语申请，但在专利局提出通知后的两个月内需提交德文译本。

2. 奥地利专利申请的审查制度

· 发明专利

奥地利发明专利申请实行实质审查制，但较我国相比有所差异。实质审查程序在申请提交后自动进行，无需另行申请，主要审查申请的新颖性、创造性和实用性是否符合授权条件；在实质审查进行之前，奥地利专利局会先制作检索报告，列出在审批过程中需考虑的发明专利；通常在申请日后的9个月内，专利局会下发检索报告和一份包含审查员意见的通知书。在紧急情况下也可直接联系审查人员来加快审查进程。申请日或优先权日18个月后公开，若检索报告已出则一起公开。公开后四个月内可提异议。

在申请被批准或拒绝前，发明专利申请可转化为实用新型申请，但转化后不可再次转化，且只有奥地利国家申请才可转化；实用新型专利也可转化为发明专利申请，但须在调查报告交送起两个月内。

· 实用新型

奥地利实用新型只需形式审查和提供检索报告，所需的基本文件如说明书，权利要求书和附图都需为德语。

· 外观设计

奥地利当局将在接到申请后的两个月内进行形式审查，并对明显不符合实质条件的申请进行驳回，但并不进行严格的检索和实质审查。对于经审查符合审查条件的外观设计申请在三个月内在外观公报中进行公开并给予授权。

3. 奥地利专利申请途径

· 发明

国外向该国申请专利的途径分为以下两类途径，共四种方式：

（1）PCT 途径

PCT 该国申请；

PCT 指定 EPO 申请指定该国。

（2）巴黎公约途径

该国申请；

EPO 申请指定该国。

· 实用新型

该国申请实用新型专利的途径为巴黎公约。

· 外观设计

国外申请该国外观设计专利的途径分为两类，共两种方式：

（1）巴黎公约途径：该国申请。

（2）OHIM 途径：欧共体外观（RCD）。

4. 奥地利专利申请报价表

类型	费用名称	官费（欧元）
发明	申请费	370（含检索费）
实用新型	申请费	200
外观设计	申请费	85

波兰

1. 波兰专利申请概述

波兰现行专利制度主要法律为《工业产权法》（2000）。

专利保护的类型及期限

发明专利：保护期限为 20 年。

实用新型：保护期为 10 年

外观设计：自申请之日起自动保护 5 年。可续展 4 次，每次 5 年，最长不超过 25 年。

接受专利申请文本语言

波兰语。

2. 波兰专利申请的审查制度

· 发明专利

波兰发明专利的申请流程与我国大致相同。

区别之处在于，申请人需要在申请日后的三个月内，提交要求优先权的声明，并递交证明其在指定国家或场合在先申请的文件。而我国的优先权声明需在提交申请时一并交付专利局。

专利局首先对申请进行形式审查和新颖性检索，并形成检索报告。在申请日或优先权日后 18 个月对专利进行公开，申请人可在优先权日后 12 个月提出提前公开的请求。经专利局实质审查之后，授予专利权。

· 实用新型

波兰实用新型专利的申请流程较之我国比较严格，大体程序同上述发明专利。

专利局首先进行形式审查和检索，并生成检索报告。专利局在申请日（或者优先权日）后 18 个月对申请进行公开；在优先权日之后 12 个月，申请人也可以请求专利局提早公布，但是必须额外缴纳费用。

专利局对实用新型申请进行实质审查，但主要审查新颖性。满足条件的授予实用新型专利证书同时对实用新型进行保护，前提是申请人必须缴纳保护费，否则该保护决定无效。

　　·外观设计

　　波兰外观设计专利的申请同我国相似，都不进行实质审查。从受理申请日起3至4个月，对申请进行形式审查，主管局并不自动进行检索，但当主管局认为该申请存在可以实质驳回的理由，也可根据该实质理由对申请予以驳回。审查期间，必须缴纳保护费及公开费。

3. 波兰专利申请途径

　　·发明

　　国外向该国申请专利的途径分为以下两类途径，共四种方式：

　　（1）PCT 途径

　　PCT 该国申请；

　　PCT 指定 EPO 申请指定该国。

　　（2）巴黎公约途径

　　该国申请；

　　EPO 申请指定该国。

　　·实用新型

　　该国申请实用新型专利的途径为巴黎公约。

　　·外观设计

　　国外申请该国外观设计专利的途径分为两类，共两种方式：

　　（1）巴黎公约途径：该国申请。

　　（2）OHIM 途径：欧共体外观（RCD）。

4. 波兰专利申请报价表

类型	费用名称	官费（兹罗提）
发明	申请费	550
实用新型	申请费	550
外观设计	申请费	300

丹麦

1. 丹麦专利申请概述

丹麦现行专利制度由《实用新型法》（2012 年）、《工业品外观设计法》（2012 年）、《雇员发明法》（2012 年）、《专利法》（2012 年）及《秘密专利法》组成。

专利保护的类型

发明专利：保护期限为 20 年。

实用新型：保护期限为 10 年。

工业设计：自申请之日起自动保护 5 年，可续展 4 次，每次 5 年，最长不超过 25 年。

接受专利申请文本语言

丹麦语。

2. 丹麦专利申请的审查制度

· 发明

丹麦发明专利申请流程与中国相似，都需要对申请进行早期公开及实质审查。

专利局对申请进行形式审查，在申请日之后的 6-10 个月内出具审查报告，申请人应在 6 个月内回复审查报告。符合规定之后则进行新颖性检索和实质审查。申请自申请日或优先权日起 18 个月公开，之后进行实质审查，当申请符合所有要求时，授予专利权。

· 实用新型

丹麦实用新型专利在保护范围上与我国相似，只能授予产品和设备，不能授予方法和应用。丹麦的实用新型适用于格陵兰岛，但不适用于法罗群岛。

实用新型专利一般只进行形式审查，除非应申请人要求，可进行实质审查，主要审查新颖性和创造性。审查通过后即颁发实用新型证书。

· 外观设计

丹麦外观设计专利申请的程序相对简单，且周期较快。

申请人提交外观设计申请之后，主管局对申请进行形式审查。经申请人申请，也可以进行新颖性检索。形式审查符合要求之后，一般在 4 周内便可予以注册。

3. 丹麦专利申请途径

· 发明

国外向该国申请专利的途径分为以下三类途径，共 5 种方式：

（1）PCT 途径

PCT 该国申请；

PCT 指定 EPO 申请指定该国。

（2）巴黎公约途径

该国申请；

EPO 申请指定该国。

（3）中丹 PPH 途径。

· 实用新型

该国申请实用新型专利的途径为巴黎公约。

· 外观设计

国外申请该国外观设计专利的途径分为两类，共两种方式：

（1）巴黎公约途径：该国申请。

（2）OHIM 途径：欧共体外观（RCD）。

4. 丹麦专利申请报价表

类型	费用名称	官费（丹麦克朗）
发明	申请费	3000
	检索费	500
实用新型	申请费	2000
外观设计	申请费	2350

芬兰

1. 芬兰专利申请概述

芬兰现行专利制度法律体系主要由 2010 年修订完成的《专利法》、《注册工业品外观设计法》和《实用新型法》组成。

专利保护的类型及期限

发明专利：保护期限为 20 年。医药品和植物保护产品可经 SPC（Supplementary Protection Certificate, 欧盟药品补充保护证书）审核再延长，但不得超过 5 年。

实用新型：自申请之日起自动保护 4 年。可申请续展两次，第一次 4 年，第二次 2 年。

外观设计：自申请之日起自动保护 5 年。可续展四次，每次 5 年。

接受申请的文本语言

发明专利申请可用英语、芬兰语或瑞典语；实用新型申请可用芬兰语或瑞典语。

2. 芬兰专利申请的审查制度

·发明

芬兰发明专利申请程序与我国基本一致，申请流程为：提交申请、形式审查、实质审查、专利授权。

申请文件齐全、并交纳申请费用之后即开始形式审查。形式审查后进入实质审查环节，若不符合实质审查要求，申请人有六个月时间提交补充材料。

与我国不同之处在于：申请人可在专利审理过程中要求有权机关对其新颖性进行初步审查并出具报告，该审理及报告不影响正式审理过程；申请人可就同一设计同时申请发明专利和实用新型，也可以先申请发明专利，在结果做出前转为实用新型申请，申请日期不变。

·实用新型

实用新型无需进行实质审查。若文件齐全描述清晰即可授予实用新型，若文件有瑕疵，申请人有两个月时间提交补充材料。一般来说实用新型专利权被授予后立即公开。但专利权人可申请推迟公开，但公开日最迟不超过申请日（有优先权日的为优先权日）起十五个月。

·外观设计

芬兰外观设计的审查制度为实审制。在形式审查过程中如文件有瑕疵，申请人有两个月时间提交补充材料。通过形式审查后进行实审，主要审查新颖性及独特性。授予外观设计后即公开于《芬兰设计公报》，任何人可提出异议。

3. 芬兰专利申请途径

·发明

国外向该国申请专利的途径分为以下三类途径，共 5 种方式：

（1）PCT 途径

PCT 该国申请；

PCT 指定 EPO 申请指定该国。

（2）巴黎公约途径

该国申请；

EPO 申请指定该国。

（3） 中芬 PPH 途径。

·实用新型

该国申请实用新型专利的途径为巴黎公约。

·外观设计专利途径

国外申请该国外观设计专利的途径分为两类，共两种方式：

（1）巴黎公约途径：该国申请。

（2）OHIM 途径：欧共体外观（RCD）。

4. 芬兰专利申请报价表

类型	费用名称	官费（欧元）
发明	申请费	450
	公开费	450
	检索费	945
	授权费	300
实用新型	申请费	250（含 4 年续展费）
	检索费	300
外观设计	申请费	65

意大利

1. 意大利专利申请概述

据史料考证，专利的萌芽产生于公元前五百年，在今意大利南部以生活奢侈著称的古都锡巴里斯（Sybaris，当时为希腊殖民地），一种烹调方法被授予为期一年的独占权。1474 年 3 月 19 日，威尼斯颁布了世界上的第一部专利法，该法虽然简单但是包含了现代专利法的基本特征和内容，因此威尼斯被认为是专利法的发源地，威尼斯颁布的第一部专利法被认为是现代意义上专利法的雏形。

意大利现行专利制度主要由《工业产权法》（2005 年 2 月 10 日第 30 号法令）保护。

专利保护的类型

发明专利：保护期限为 20 年。

实用新型：自申请之日起保护 15 年。

外观设计：自申请之日起自动保护 5 年，可续展四次，每次 5 年，最长不超过 25 年。

接受专利申请文本语言

意大利语。

2. 意大利专利申请的审查制度

· 发明

意大利发明专利申请程序与中国基本一致，其流程为：专利申请、形式审查、早期公开、实质审查、专利授权。

差异在于：申请日（优先权日）起十八个月后公开；专利的实体审查一般不作新颖性审查；在意大利的专利注册程序中没有异议程序，合法撤销或者注销一项专利的唯一途径是针对该专利提起无效性诉讼；审查委员有权要求将发明专利改为实用新型。

· 实用新型

意大利实用新型申请程序与我国有一定差异，其流程为：专利申请、形式审查、早期公开、专利授权。

差异在于：从申请到授权大约需要 4 年的时间，但是从申请日开始（即使还没有被授权）就会受到保护或用来对抗第三方；对于新颖性和创造性的要求只会进行一个初步的"表面"审查，而不是通过检索相关技术来审查。因此一般只要符合形式条件，绝大多数的申请都可以获得授权。

· 外观设计

意大利外观设计与我国申请制度类似，只需对申请文件进行形式审查，并对保护客体进行核查，查看是否属于意大利外观设计的保护对象。经过补正后符合要求的申请将被授予意大利外观专利。

3. 意大利专利申请途径

· 发明

国外向该国申请专利的途径分为以下两类途径，共 4 种方式：

（1）PCT 途径

PCT 该国申请；

PCT 指定 EPO 申请指定该国。

（2）巴黎公约途径

该国申请；

EPO 申请指定该国。

· 实用新型

该国申请实用新型专利的途径为巴黎公约。

· 外观设计

国外申请该国外观设计专利的途径分为两类，共两种方式：

（1）巴黎公约途径：该国申请。

（2）OHIM 途径：欧共体外观（RCD）。

4. 意大利专利申请报价表

类型	费用名称	官费（欧元）
发明	申请费	370
实用新型	申请费	210
外观设计	申请费	310

捷克

1. 捷克专利申请概述

捷克现行专利制度法主要通过《发明和工业品外观设计合理化建议》、《实用新型法》、《工业品外观设计保护法》进行规范。

专利保护的类型及期限

发明专利：保护期限为 20 年，医药品和职务保护产品可经审核再延长，但不得超过 5 年。

实用新型：自申请之日起自动保护 4 年。可申请续展两次，每次 3 年。保护期最长为 10 年。

外观设计：自申请之日起自动保护 5 年。可续展四次，每次 5 年，保护期限最长不得超过 25 年。

接受专利申请的文本语言

捷克语。

2. 捷克专利申请的审查制度

·发明专利

捷克发明专利申请程序与我国类似，申请流程主要包括：申请专利、形式审查、早期公开、实质审查、专利授权。

其形式审查内容为审查其是否属于不能授予专利权的客体及其申请单一性，之后申请人可在从申请日起 36 个月提出实质审查请求，审查申请的专利性，且此期限不可延长。

·实用新型

捷克实用新型采取登记注册制，无实质审查程序。从申请日起，三至四个月即可完成审查流程。任何人可对申请提出异议，一旦查明不符合实用新型的新颖性和工业实用性标准，专利局应注销登记。

· 外观设计

捷克对工业品外观设计实行形式审查和实质审查制,实质审查申请的新颖性、独特性，并且申请人可对外观设计申请延迟公开。

3. 捷克专利申请途径

· 发明

国外向该国申请专利的途径分为以下两类途径，共 4 种方式：

（1）PCT 途径

PCT 该国申请；

PCT 指定 EPO 申请指定该国。

（2）巴黎公约途径

该国申请；

EPO 申请指定该国。

· 实用新型

该国申请实用新型专利的途径为巴黎公约。

· 外观设计

国外申请该国外观设计专利的途径分为两类，共两种方式：

（1）巴黎公约途径：该国申请。

（2）OHIM 途径：欧共体外观（RCD）。

4. 捷克专利报价表

类型	费用名称	官费（欧元）
发明	申请费	50
	实审费	116
	授权费	27
实用新型	申请费	33
外观设计	申请费	40

拉脱维亚

1. 拉脱维亚专利申请概述

拉脱维亚现行专利制度法律体系主要由《专利法》（2007）和《工业品外观设计法》（2007）组成。

专利保护的类型及期限

发明专利：保护期限为 20 年，医药品和植物保护产品经审核后可延长。

外观设计：自申请之日起自动保护 5 年。可续展四次，每次 5 年。

接受专利申请文本语言

拉脱维亚语。

2. 拉脱维亚专利申请的审查制度

·发明

拉脱维亚发明专利申请主要流程与中国相同，均包括：专利申请、初步审查、早期公开、实质审查、专利授权。但拉脱维亚实质审查并不对其专利性进行审查，只审查申请的单一性。

·外观设计

拉脱维亚外观设计申请程序与我国类似，要求提供请求书、能清晰完整展示设计的图或照片、设计的说明，如应用于何处。此外，还需提供申请人以及设计人的身份信息、授权委托等方面的信息。

该国外观设计可申请延迟公开，延迟不可超过申请日（有优先权日的为优先权日）起 30 个月。

3. 拉脱维亚专利申请途径

·发明

国外向该国申请专利的途径分为以下两类，共 4 种方式：

（1）PCT 途径

PCT 该国申请；

PCT 指定 EPO 申请指定该国。

（2）巴黎公约途径

该国申请；

EPO 申请指定该国。

· 外观设计

国外申请该国外观设计专利的途径分为两类，共两种方式：

（1）巴黎公约途径：该国申请。

（2）OHIM 途径：欧共体外观（RCD）。

4. 拉脱维亚专利申请报价表

类型	费用名称	官费（欧元）
发明	申请费	120
	授权费	95
外观设计	申请费	50
	公开费	70

立陶宛

1. 立陶宛专利申请概述

立陶宛现行专利制度法律体系由 1994 年 1 月 18 日第 I-372 号《专利法》（2007 年）和 2002 年 11 月 7 日第 IX-1181 号法《工业品外观设计法》（2008 年）等构成。

专利保护的类型及期限

发明：保护期限为 20 年。

外观设计：自申请之日起自动保护 5 年。可续展四次，每次 5 年，最长不超过 25 年。

接受申请文本语言

立陶宛语。

2. 立陶宛专利申请的审查制度

· 发明

立陶宛发明专利申请流程与我国不同，申请只需要经过形式审查，公开之后便可授予专利权。

专利局应在申请日（有优先权日的为优先权日）后 18 个月对专利进行公开，申请人可书面申请提前公开，但不可早于申请日起 6 个月。

· 外观设计

立陶宛外观设计专利申请程序同中国类似，但授权时间较中国短，且所需书面申请文件较多，包括：请求书、设计的图纸或照片、申请费用支付证明、设计描述、委任书、设计人身份声明、权利转让文件、优先权申请、设计持有人同意书、提前公开的申请／推迟公开的申请、根据《工业品外观设计法》进行的授权证明（如使用本国国名、国旗等作为设计）。

专利局在收到申请的一个月内进行形式审查，形式审查通过之后即登记注册，授予专利权。

3. 立陶宛专利申请途径

· 发明

国外向该国申请专利的途径分为以下两类途径，共 4 种方式：

（1）PCT 途径

PCT 该国申请；

PCT 指定 EPO 申请指定该国。

（2）巴黎公约途径

该国申请；

EPO 申请指定该国。

· 外观设计

国外申请该国外观设计专利的途径分为两类，共两种方式：

（1）巴黎公约途径：该国申请。

（2）OHIM 途径：欧共体外观（RCD）。

4. 立陶宛专利申请报价表

类型	费用名称	官费（里塔斯）
发明	申请费	400
	授权费	240
外观设计	申请费	93
	登记公开	93

卢森堡

1. 卢森堡专利申请概述

卢森堡现行专利制度主要通过《关于批准荷比卢联盟知识产权（商标和工业品外观设计）条约》（2006 年修订版）、《专利法》（1998 年修订版）等法律进行规范。

专利保护的类型

发明专利：保护期限为 20 年。未经新颖性审查的发明专利保护期限为 6 年。

外观设计：保护期限为 5 年，并可续展四次，每次 5 年，最长可以保护 25 年。

接受申请文本的语言

卢森堡语、德语、法语。

2. 卢森堡专利申请的审查制度

· 发明

卢森堡发明专利申请程序与我国基本一致，其流程为：专利申请、形式审查、早期公开、可选新颖性审查、专利授权。

差异在于：申请之日起十八个月后早期公开，也可依申请人请求提前公开，但不得早于申请之日起两个月内；申请人可以在提交申请的 18 个月内要求新颖性审查，审查报告会在 9 个月内出具，申请人可以依据审查报告的结果来修改说明书；未经新颖性审查的发明专利保护期限为 6 年。

· 外观设计

卢森堡外观设计通过比卢荷知识产权局进行登记和保护。由 BOIP 审核通过的外观设计自动在该国家生效。比卢荷知识产权局不对外观设计进行实质审查，只进行形式审查并审查其是否与公共政策及社会道德相违背。

3. 卢森堡专利申请途径

·发明专利申请途径

国外向该国申请专利的途径分为以下两类途径，共 4 种方式：

（1）PCT 途径

PCT 该国申请；

PCT 指定 EPO 申请指定该国。

（2）巴黎公约途径

该国申请；

EPO 申请指定该国。

·外观设计专利途径

国外申请该国外观设计专利的途径分为两类，共三种方式：

（1）巴黎公约途径：该国申请。

（2）OHIM 途径：欧共体外观（RCD）。

（3）比荷卢申请途径。

4. 卢森堡专利申请报价表

类型	费用名称	官费（欧元）
发明	申请费	40
	检索费	100
	授权费	29
外观设计	申请费	40

罗马尼亚

1. 罗马尼亚专利申请概述

罗马尼亚现行发明专利制度主要由《第 64/1991 号专利法》，《第 350/2007 号实用新型法》和《第 350/2007 号实用新型法实施细则》等构成。

专利保护的类型及期限

发明专利：保护期限为 20 年。

实用新型：自申请之日起自动保护 6 年。可申请续展两次，每次 2 年。保护期最长为 10 年。

外观设计：自申请之日起自动保护 10 年。可续展 4 次，每次 5 年，最长不得超过 25 年。

接受专利申请文本语言

罗马尼亚语。

2. 罗马尼亚专利申请的审查制度

·发明专利

罗马尼亚发明专利申请制度与我国不尽相同。

首先，经申请人申请，罗马尼亚专利与商标局（OSIM）会发布一份检索报告，附带一份有关申请专利性的书面意见，与申请同时公开，或紧随其后公开。

其次，专利申请经实质审查后由主管局做出批准或驳回的决定，决定一个月内将通知申请人，此后一个月的上诉期过后将公布此决定。

·实用新型

罗马尼亚实用新型同该国发明专利的申请程序大致相同，但无需经过实质审查。

若申请人不是发明人，必须说明发明人身份，并且在决定做出前提供由 OSIM 提交的文件证明其作为申请人的合法性。

申请日后六个月内，OSIM 会制作一份检索报告，与申请一同或在申请后公开。该国实用新型只需形式审查，通过之后授予实用新型专利权。

实用新型申请可转化为发明专利申请，但若此申请是由专利发明转化而来，则不可再要求转化为发明专利。

· 外观设计

罗马尼亚外观设计专利申请与中国差距较大，外观设计专利必须经实质审查，才能授予专利权。

申请人提交的申请在预审后公开，申请人可申请延迟公开，但不得迟于申请日后的 30 个月。在公开后的两个月内，第三方可提反对意见并提供依据，OSIM 会将相关信息通知申请人，申请人自接到通知起两个月可做出回应。异议在提出后的三个月内，外观设计审查部门将发表一份报告同意或否定异议，此份报告在实质审查中将会被考虑。

申请公开后的 12 个月内将进行实质审查，通过后进行授权和登记。

3. 罗马尼亚专利申请途径

· 发明专利

国外向该国申请专利的途径分为以下两类，共 4 种方式：

（1）PCT 途径

PCT 该国申请；

PCT 指定 EPO 申请指定该国。

（2）巴黎公约途径

该国申请；

EPO 申请指定该国。

· 外观设计

该国申请实用新型专利的途径为巴黎公约。

· 外观设计

国外申请该国外观设计专利的途径分为两类，共两种方式：

（1）巴黎公约途径：该国申请。

（2）OHIM 途径：欧共体外观（RCD）。

4. 罗马尼亚专利申请报价表

类型	费用名称	官费（罗马尼亚列伊）
发明	申请费	108
	公开费	180
	实审费	1080
	授权费	100
实用新型	申请费	90
外观设计	申请费	110

马耳他

1. 马耳他专利申请概述

马耳他现行专利制度主要由 2007 年《专利和工业品外观设计法》规定。

专利保护的类型及期限

发明专利：保护期限为 20 年。

外观设计：保护期限为 5 年，并可续展四次，每次 5 年，最长可以保护 25 年。

接受专利申请文本语言

马耳他语、英语。

2. 马耳他专利申请的审查制度

· 发明

马耳他发明专利与中国不同之处在于，该国发明专利不进行实质审查。发明专利申请提交之后，主管局对申请进行形式审查，若申请符合形式要求，且申请人没有要求撤回申请，马耳他专利局将在 18 个月后对申请进行公开。

申请人享有优先权，可以在提交在后发明申请的两个月内提交申请，也可以是在先申请日起 16 个月之内提交。

· 外观设计

马耳他外观设计专利程序相对简单，专利局将在收到申请两个月内对申请进行审查，审查申请文件是否符合形式要求。申请符合形式要件，专利局将在政府公告中公开已登记的外观设计。

3. 马耳他专利申请途径

· 发明专利

国外向该国申请专利的途径分为以下两类途径，共 4 种方式：

（1）PCT 途径

PCT 该国申请；

PCT 指定 EPO 申请指定该国。

（2）巴黎公约途径

该国申请；

EPO 申请指定该国。

· 外观设计

国外申请该国外观设计专利的途径分为两类，共两种方式：

（1）巴黎公约途径：该国申请。

（2）OHIM 途径：欧共体外观（RCD）。

4. 马耳他专利申请报价表

类型	费用名称	官费（欧元）
发明	申请费	20
	授权费	12
外观设计	申请费	12

葡萄牙

1. 葡萄牙专利申请概述

葡萄牙现行专利制度主要由 2003 年 3 月 5 日第 36/2003 号法令《知识产权法典》（2008 年合并版）进行规范。

专利保护的类型及期限

发明专利：保护期限为 20 年。医药品和植物保护产品保护期限可经审核延长，但不得超过 5 年。

实用新型：自申请之日起自动保护 6 年。可申请续展 2 次，每次 2 年。保护期最长为 10 年。

外观设计：自申请之日起自动保护 5 年。可续展 4 次，每次 5 年。

接受申请文本语言

葡萄牙语。

2. 葡萄牙专利申请的审查制度

·发明专利

葡萄牙发明专利申请程序与我国基本一致，申请流程为：专利申请、形式审查、实质审查、专利授权。但在各环节都略有区别，葡萄牙发明专利申请提交后，在一个月内进行初审，若不符合形式要件，申请人有两个月补正期。初审合格后，从申请日（有优先权日的指优先权日）起满 18 月即对专利申请文件进行公开，申请人也可要求提前公开，申请公开后两个月内若无人提出异议则直接进入实质审查阶段，但若有人在两个月内提出异议则该申请进入异议程序。当局在异议期满后一个月内做出审查结果报告，若经审查认为不应授予专利权，则申请人可在两个月内陈述答辩意见，若答辩意见不被接受，申请人仍应有一个月争辩期。审查报告及授权与否的决定都将被公布。

· 实用新型

葡萄牙实用新型专利申请亦不需要经过实质审查程序。从申请日（有优先权日的为优先权日）起满 6 个月后公开，申请人可要求延后公开，但不得晚于申请日（有优先权日的为优先权日）起 18 个月。若申请人不要求再审查，且在两个月的异议期内无异议，则申请可被批准。

· 外观设计

葡萄牙外观设计申请需要提交设计的图片或照片及简要说明，简要说明不得超过 50 字。若该外观设计比较复杂，则需展示和标明正常使用时可见的设计部分。若使用和国家或宗教等有关的标志需提交授权批准。葡萄牙外观设计只进行形式审查，若不满足形式要件，申请人有一个月修改时间。申请被批准后申请人可申请延期公开，但不能晚于申请日（有优先权日的为优先权日）起 30 个月。

3. 葡萄牙专利申请途径

· 发明专利

国外向该国申请专利的途径分为以下两类途径，共 4 种方式：

（1）PCT 途径

PCT 该国申请；

PCT 指定 EPO 申请指定该国。

（2）巴黎公约途径

该国申请；

EPO 申请指定该国。

· 实用新型

该国申请实用新型专利的途径为巴黎公约。

· 外观设计

国外申请该国外观设计专利的途径分为两类，共两种方式：

（1）巴黎公约途径：该国申请。

（2）OHIM 途径：欧共体外观（RCD）。

4. 葡萄牙专利申请报价表

类型	费用名称	官费（欧元）
发明	申请费	760
	实审费	840
	授权费	170
实用新型	申请费	330
外观设计	申请费	400

瑞典

1. 瑞典专利申请概述

瑞典现行专利制度主要由《专利法》（2011 年修改）、《工业品外观设计法》（2010 年修改）进行规定。

专利保护的类型及期限

发明专利：保护期限为 20 年，医药品和植物保护产品可依补充保护申请再延长，但不得超过 5 年。

外观设计：自动保护 5 年，可续展 4 次，每次 5 年，最长可以保护 25 年。但部件外观设计保护期限不超过 15 年。

接受专利申请文本语言

瑞典语。

2. 瑞典专利申请的审查制度

·发明

瑞典发明专利申请制度与中国发明专利申请制度相比，审查标准较为宽松，发明专利申请无需经过实质审查。瑞典局将在自申请日起 6 个月内做出新颖性检索和审查报告。申请人需在收到审查意见后的 4 个月内答复审查意见。瑞典专利申请也可享受巴黎公约规定的 12 个月优先权，但是在要求优先权的方式和优先权期限与中国存在较大差别。在中国提出专利申请要求优先权的，应在提出专利申请时同时提出，而瑞典发明专利申请要求优先权的，可在优先权日起十六个月内提出，或在新申请提出后四个月内提出。

·外观设计

瑞典局将在发出受理通知的三个月内进行审查，但并不审查新颖性和独特性，仅对申请是否违背公共道德等问题进行审查。审查合格后，外观申请大约需要 6 至 8 周方可授权，授权后的两个月内任何人可对此专利提出异议。

3. 瑞典专利申请途径

· 发明专利

国外向该国申请专利的途径分为以下两类，共 4 种方式：

（1）PCT 途径

PCT 该国申请；

PCT 指定 EPO 申请指定该国。

（2）巴黎公约途径

该国申请；

EPO 申请指定该国。

· 外观设计

国外申请该国外观设计专利的途径分为两类，共两种方式：

（1）巴黎公约途径：该国申请。

（2）OHIM 途径：欧共体外观（RCD）。

4. 瑞典专利申请报价表

类型	费用名称	官费（克朗）
发明	申请费	3000
	授权费	1400
外观设计	申请费	1900

塞浦路斯

1. 塞浦路斯专利申请概述

塞浦路斯现行专利制度主要由《专利法 1998》（2006 修订）和《工业品外观设计保护法 2002》（2006 修订）等法律进行规范。

专利保护的类型及期限

发明：保护期限为 20 年，医药品和植物保护产品经审核后可再延长，不得超过 5 年。

外观设计：自申请之日起自动保护 5 年。可续展四次，每次 5 年。

接受专利申请文本语言

希腊语、土耳其语。

2. 塞浦路斯专利申请的审查制度

· 发明专利

在塞浦路斯申请发明专利需要以希腊语以及英语提交申请文件，其中英语申请材料用于向欧洲专利局提交检索请求时使用，所需提交的申请文件包括：请求书、说明书、权利要求、附图、摘要（不超过 150 字）。塞浦路斯当局只对发明专利申请进行形式审查。申请人支付相关费用后，专利登记部门（DRCOR）会将申请的英文版本递交到欧洲专利局来进行专利性评估（一般需 3 到 6 个月）。在申请日（有优先权日的为优先权日）起满 18 个月后，应连同检索报告一起公开专利申请，若申请人提出书面申请，则可提前公开。申请若符合形式要件，且申请人已按要求提交检索报告，并支付了相关费用，则专利局应对申请给予批准。

· 外观设计

塞浦路斯外观设计专利从申请日起 4 个月内申请人可补交或修改申请。专利登记部门对外观设计专利申请只进行一次审查，若登记部门认为申请不符合新颖性和独特性,则会拒绝登记。在外观设计专利公开后4-6个月内,若申请符合要求,登记部门将对该申请予以登记,并通过官方公告的方式进行公开。

在公开后若符合所有要求,则登记部门予以登记。

3. 塞浦路斯专利申请途径

· 发明专利

国外向该国申请专利的途径分为以下两类途径,共4种方式:

（1）PCT途径

PCT该国申请;

PCT指定EPO申请指定该国。

（2）巴黎公约途径

该国申请;

EPO申请指定该国。

· 外观设计

国外申请该国外观设计专利的途径分为两类,共两种方式:

（1）巴黎公约途径:该国申请。

（2）OHIM途径:欧共体外观（RCD）。

4. 塞浦路斯专利申请报价表

类型	费用名称	官费（欧元）
发明	申请费	90
外观设计	申请费	90
	公开费	70

斯洛伐克

1. 斯洛伐克专利申请概述

斯洛伐克现行专利制度法律体系主要由《第 435/2001 Coll. 号法，关于专利，补充保护证书，以及针对若干法律的修正案（专利法）》，《第 517/2007 Coll. 号关于实用新型法》和《第 444/2002 Coll. 号关于工业品外观设计法》组成。

专利保护的类型及期限

发明专利：保护期限为 20 年。

实用新型：自申请之日起自动保护 4 年。可申请续展两次，每次 3 年。保护期最长为 10 年。

外观设计：自申请之日起自动保护 5 年。可续展四次，每次 5 年。

接受专利申请的文本语言

斯洛伐克语。

2. 斯洛伐克专利申请的审查制度

· 发明专利

斯洛伐克发明专利的审查制度与我国类似，分为初步审查和实质审查，在当地则称之为第一阶段审查和第二阶段审查，其中第一阶段审查是对申请的非专利性因素和妨碍公开的因素进行审查，并在 18 个月之后在官方公报中进行公开。第二阶段审查适用延迟审查制：申请人应在申请日后 36 个月提出实审要求，提出实审之后，此申请不可撤回。

· 实用新型

斯洛伐克实用新型申请只进行形式审查，满足形式要件即可被授权。授权后设有异议程序，任何人可以在公开后三个月内提出异议。

· 外观设计

申请文件包括：设计的图纸或照片（三份）、设计的用途和分类（三份）、说明书（三份，非必须）、集体申请中的外观设计清单。

斯洛伐克外观设计申请为登记注册制。申请人提交申请之后，进行形式审查，符合要求即进行登记注册，要求巴黎公约下的优先权的可在申请日或在申请日后3个月内提出。若想申请延迟公开，则需提出希望公开的日期，且该日期不得晚于申请日（有优先权日的为优先权日）后30个月。

3. 斯洛伐克专利申请途径

· 发明专利

国外向该国申请专利的途径分为以下两类途径，共4种方式：

（1）PCT途径

PCT该国申请；

PCT指定EPO申请指定该国。

（2）巴黎公约途径

该国申请；

EPO申请指定该国。

· 实用新型

该国申请实用新型专利的途径为巴黎公约。

· 外观设计

国外申请该国外观设计专利的途径分为两类，共两种方式：

（1）巴黎公约途径：该国申请。

（2）OHIM途径：欧共体外观（RCD）。

4. 斯洛伐克专利申请报价表

类型	费用名称	官费（欧元）
发明	申请费	27
	实审费	116
	授权费	17
实用新型	申请费	33
外观设计	申请费	20

斯洛文尼亚

1. 斯洛文尼亚专利申请概述

斯洛文尼亚现行专利制度主要法律为《工业产权法（ZIL-1-UPB3），2001年5月23日合并本》（2006年修订）。

专利保护的类型及期限

发明专利：保护期限为20年，短期专利为10年，医药品和职务保护产品可经审核后延长，但最高不超过5年。

实用新型：保护期限为10年。

外观设计：自申请之日起自动保护5年，可续展，不得超过25年。

接受专利申请的文本语言

希腊语。

2. 斯洛文尼亚专利申请的审查制度

· 发明专利

斯洛文尼亚发明专利申请审查制度与中国存在较大差异，该国发明专利申请不需要经过实质审查，申请文件满足形式审查要求的，当局对该申请是否属于可保护客体等进行技术审查，申请人有三个月的修改时间。满足形式要件后，只要申请人不撤回申请，则可获得专利权。

斯洛文尼亚发明专利审查制度与中国发明专利审查制度相比最大的差异在于，当发明专利有效期第九年期满时，专利权人若想继续获得专利保护，则需以书面形式提供该专利符合新颖性、创新性和实用性要求的证据。所述证据可为EPO批准的欧洲专利；若没有申请欧洲专利，则可为在PCT下有制作国际初步审查资质的有权机关，在实质申请程序后批准的专利；或其他因相关条约得到资质的知产局批准的专利，且上述已获权的专利文件需提供斯洛文尼亚语译本。

· 实用新型

斯洛文尼亚短期专利类似于我国的实用新型，对专利性的审查并不严格。所需申请时间与费用都比发明专利少，当局只进行形式审查，申请人无需提供可专利性的证明。

· 外观设计

斯洛文尼亚外观设计专利申请文件中需注明申请人姓名和地址，并在申请时或者在提交申请后的三个月内支付相关费用。斯洛文尼亚当局只对外观设计专利申请是否属于该国外观设计专利保护范围，不审查新颖性和独特性。

3. 斯洛文尼亚专利申请途径

· 发明专利

国外向该国申请专利的途径分为以下两类途径，共4种方式：

（1）PCT途径

PCT该国申请；

PCT指定EPO申请指定该国。

（2）巴黎公约途径

该国申请；

EPO申请指定该国。

· 实用新型

该国申请实用新型专利的途径为巴黎公约。

· 外观设计

国外申请该国外观设计专利的途径分为两类，共两种方式：

（1）巴黎公约途径：该国申请。

（2）OHIM途径：欧共体外观（RCD）。

4. 斯洛文尼亚专利申请报价表

类型	费用名称	官费（欧元）
发明	申请费	110（含前三年维持费）
外观设计	申请费	80（含前五年维持费）

西班牙

1. 西班牙专利申请概述

西班牙现行专利制度主要由《1986 年 3 月 20 日第 11/1986 号专利法》（2011 修订版）和《2003 年 7 月 7 日第 20/2003 号关于工业品外观设计的法律保护法》等法律进行规范。

专利保护的类型及期限

发明专利：保护期限为 20 年。

实用新型：保护期限为 10 年。

外观设计：保护期限自申请之日起自动保护 5 年。可续展四次，每次 5 年。

接受专利申请文本语言

西班牙语

2. 西班牙专利申请的审查制度

· 发明专利

在西班牙，对发明进行保护的方式同样为两种。发明专利，适用于具有绝对新颖性和相当严格的创新性的发明； 在收到申请的 8 天内，工业产权局可接受申请并确定申请日，或拒绝申请；专利申请被接受后，进入形式审查程序，形式审查程序中对可专利性进行初步审查，若不符合要求，将会通知申请人，申请人有两个月回应期，但如申请明显缺乏新颖性和创造性，工业产权局也可直接拒绝该申请；若符合形式审查标准，工业产权局会通知申请人在规定时间内申请一份检索报告。检索报告应在申请日（有优先权日的为优先权日）起 15 个月内书面提出，若接到通知时已超过此期限，则申请人还有一个月时间提出申请，逾期不提出检索请求，则申请将被视为撤回（若检索报告是部分或全部根据 PCT 的国际检索报告制作，则申请人可得到不同比例的资金返还）。检索报告完成后，申请人有两种后续途径可以选择：

一种为普通程序，即检索报告完成后申请人将得到检索结果的通知，且报告将被公开，公开后两个月内任何人可对该申请提出异议，申请人可在规定时间内回应；申请日（有优先权日的为优先权日）起满 18 个月后申请将被公开，若在检索报告完成前未公开，则申请文件将与检索报告一同公开；申请人回应异议时间一过，工业产权局即可批准申请并做通告。

另一种为实质审查程序：申请人也可选择在收到检索报告后不走普通程序，而是提出实质审查申请，实质审查将会对申请的新颖性、创造性、实用性和说明书的充足性进行审查。若走此程序，则申请有可能被全部或部分拒绝。

在对检索报告或实审结果提出异议的期限届满之前，发明专利可转化为实用新型的申请；形式审查时审查人也可要求申请人提出转化的申请。

· 实用新型

西班牙实用新型专利与我国类似，对创新性的要求不如发明专利严格，无需要进行实质审查。

· 外观设计

西班牙外观设计专利只进行形式审查，整个程序需 6 个多月左右。可以申请延迟公开，延迟期限可长达 30 个月。

3. 西班牙专利申请途径

· 发明专利

国外向该国申请专利的途径分为以下两类途径，共 4 种方式：

（1）PCT 途径

PCT 该国申请；

PCT 指定 EPO 申请指定该国。

（2）巴黎公约途径

该国申请；

EPO 申请指定该国。

· 实用新型

该国申请实用新型专利的途径为巴黎公约。

· 外观设计

国外申请该国外观设计专利的途径分为两类，共两种方式：

（1）巴黎公约途径：该国申请。

（2）OHIM 途径：欧共体外观（RCD）。

4. 西班牙专利申请报价表

类型	费用名称	官费（欧元）
发明	申请费	640
	检索费	由申请人出具
	授权费	300

希腊

1. 希腊专利申请概述

希腊现行专利制度主要法律为《第 1733/1987 号，技术转让、专利、技术创新法案》。

专利保护的类型及期限

发明专利：保护期限为 20 年。

实用新型：保护期限为 7 年。

外观设计：保护期限为 5 年，可续展，不得超过 25 年。

接受申请文本语言

希腊语。

2. 希腊专利申请的审查制度

· 发明专利

希腊发明专利申请审查程序与中国存在较大区别，该国发明专利不需要经过实质审查，但是发明专利则要求申请人提出检索请求，并据此作出检索报告。申请人需在申请日起 4 个月内支付检索报告费用。申请日后 4 个月期满时，若已缴纳检索报告费用，且材料齐全，则工业产权局根据检索报告对其新颖性和创造性进行检查，若材料不齐全，则被视为撤回。材料齐全但没有支付检索报告费用的，如申请符合实用新型的条件，则可转化为实用新型申请。若申请人主张优先权，则申请人须在优先权日起 16 个月内提交优先权证明文件。

希腊工业产权组织会争取在申请日起 12 个月内制作检索报告，在收到检索报告起 3 个月内，申请人或专利代理人可提出意见，希腊工业产权组织会再制作一份最终检索报告，如没有意见提出，则最初的检索报告即为最终的检索报告。

· 实用新型

希腊实用新型专利申请只进行形式审查，满足形式要件即可被授权。

· 外观设计

在希腊申请外观设计专利，需要提供的申请文件包括：申请表、设计图或照片以及简要说明。申请材料不齐全的，可从申请日起四个月内可提交补充材料，材料齐全并符合形式要件即可，无新颖性审查。若不符合形式要求则申请被视为撤回。

3. 希腊专利申请途径

· 发明专利

国外向该国申请专利的途径分为以下两类，共 4 种方式：

（1）PCT 途径

PCT 该国申请；

PCT 指定 EPO 申请指定该国。

（2）巴黎公约途径

该国申请；

EPO 申请指定该国。

· 实用新型

该国申请实用新型专利的途径为巴黎公约。

· 外观设计

国外申请该国外观设计专利的途径分为两类，共两种方式：

（1）巴黎公约途径：该国申请。

（2）OHIM 途径：欧共体外观（RCD）。

4. 希腊专利申请报价表

类型	费用名称	官费（欧元）
发明	申请费	50
	检索费	300 800（专家意见）
	授权费	150
实用新型	申请费	50
	授权费	100
外观设计	申请费	100
	公开费	30

瑞士

1. 瑞士专利申请概述

瑞士现行专利制度主要法律法规为《联邦专利发明法》、《专利条例》和《联邦外观设计法》。

专利保护的类型及期限

发明专利：保护期限为 20 年。

外观设计：自申请之日起自动保护 5 年，可续展，最多不超过 25 年。

该组织官方语言

德语、法语、意大利语。

2. 瑞士专利申请的审查制度

· 发明专利

瑞士发明专利申请提交后，进入预审程序，预审合格后专利局会下发申请批准通知书，于此同时申请人还会收到一份检索申请表格，申请人可出于自愿，用此表格来申请专利检索，评估自己发明的新颖性和创造性。申请日或优先权日起满 18 月对申请文件进行公开，若检索报告已做出，则一起公开。预审和公开后进入实审程序，主要审查权利要求是否符合实审规范（又称材料审查），但并不审查新颖性和创造性，所以鼓励申请人在此之前申请检索报告。实质审查程序一般在申请日起三到四年后展开。为缩短审查周期，申请人可申请实审的快速程序，但此程序应在优先权期限内公开申请。在瑞士或列支敦士登，申请被批准后三年内，或申请日后四年内，若无正当理由不使用所申请专利，则利害关系人可向法院提出下发强行许可的申请。

· 外观设计

瑞士外观设计专利申请同我国相似，只需进行形式审查。

3. 瑞士专利申请途径

·发明专利

国外向该国申请专利的途径分为以下两类途径，共 4 种方式：

（1）PCT 途径

PCT 该国申请；

PCT 指定 EPO 申请指定该国。

（2）巴黎公约途径

该国申请；

EPO 申请指定该国。

·外观设计

国外申请该国外观设计专利的途径为巴黎公约途径。

4. 瑞士专利申请报价表

类型	费用名称	官费（瑞士法郎）
发明	申请费	200
	检索费	500（可选程序）
	实审费	500
外观设计	申请费	200
	公开	20

挪威

1. 挪威专利申请概述

挪威现行专利制度主要通过《专利法》（2010 年修改）、《雇佣发明法》（2008 年）、《工业品外观设计法》（2010 年）等法律进行规范。

专利保护的类型

发明专利：保护期限为 20 年。医药品和植物保护产品可再延长 5 年。

外观设计：自申请之日起自动保护 5 年。可续展 4 次，每次 5 年，最长不超过 25 年。

接受申请文本语言

挪威语。

2. 挪威专利申请的审查制度

· 发明专利

挪威专利制度与中国相比存在较大差异。挪威的专利类型中没有实用新型专利，只包括发明专利及外观设计专利，且发明专利及外观设计专利的申请、审查、批准以及后续保护分别由《专利法》、《雇佣发明法》、《工业品外观设计法》予以规范。

挪威发明专利的申请审查程序与中国的区别主要表现在于，挪威申请专利要求优先权期限为 16 个月，而我国及世界其他主要国家为 12 月，这对申请人来说较为有利，便于留出充足的时间来准备、充实申请文件。另一方面，挪威专门设有《雇员发明法》来规范职务发明制度。在满足一定条件的情况下，雇员可享有与雇主相同的专利申请权。

· 外观设计

在挪威申请外观设计专利需要提供欲保护的外观设计图样或者照片，以及一段简要的说明设计用途的文字。一份申请可以包含数件属于同一类别的设计。挪威外观设计不进行新颖性和独特性审查。如挪威局发现相同或相近似的在先申请，将通知申请人，申请人可自行决定是否撤回该申请，如不撤回，挪威局仍可授予外观专利权。

3. 挪威专利申请途径

· 发明专利

国外向该国申请专利的途径分为以下两类途径，共 4 种方式：

（1）PCT 途径

PCT 该国申请；

PCT 指定 EPO 申请指定该国。

（2）巴黎公约途径

该国申请；

EPO 申请指定该国。

· 外观设计

国外申请该国外观设计专利的途径为巴黎公约途径。

4. 挪威专利申请报价表

类型	费用名称	官费（挪威克朗）
发明	申请费	1100
外观设计	申请费	1700

克罗地亚

1. 克罗地亚专利申请概述

克罗地亚现行专利制度主要通过《专利法》（2011）、《工业品外观设计法》（2011 年修订）进行规范。

专利保护的类型及保护期限

发明专利：保护期限 20 年。

合意专利：保护期限 10 年。医药品和植物保护可经审核后延长，不得超过 5 年。

外观设计：自申请之日起自动保护 5 年，可续期，不得超过 25 年。

接受申请文本语言

克罗地亚语。

2. 克罗地亚专利申请的审查制度

· 发明专利

克罗地亚发明专利申请程序与我国基本一致，其流程为：专利申请、形式审查、早期公开、实质审查、专利授权。

差异在于：实质审查的提出分为两种情况。一种是申请人在公开后 6 个月内，申请人自行提出实质审查的申请。如果在规定时间内没有提交规定的材料或支付相关费用，则申请将会被视为撤回；另一种为任何人可在公开后 6 个月内对专利提出异议，克罗地亚知识产权局会将该异议通知申请人，申请人在收到异议通知后的 6 个月需提出实质审查请求，并补上需支付的费用，若申请人不提出申请，知产局将驳回该专利申请。

· 合意专利

克罗地亚合意专利类似于我国的实用新型。只要没有第三方对批准专利提出反对意见，则可批准。合意专利实行批准制度，无需进行实质审查。获得相关批准即可授予专利。申请相对简便但保护期限也相应缩短。

· 外观设计

克罗地亚外观设计只进行形式审查，不审查新颖性和独特性。

3. 克罗地亚专利申请途径

· 发明专利

国外向该国申请专利的途径分为以下两类途径，共 4 种方式：

（1）PCT 途径

PCT 该国申请；

PCT 指定 EPO 申请指定该国。

（2）巴黎公约途径

该国申请；

EPO 申请指定该国。

· 合意专利

该国合意专利申请的途径为巴黎公约该国申请。

· 外观设计

国外申请该国外观设计专利的途径为巴黎公约途径。

4. 克罗地亚专利申请报价表

类型	费用名称	官费（库纳）
发明	申请费	1300
	实审费	4000
	授权费	200
外观设计	申请费	250
	登记费	200

冰岛

1. 冰岛专利申请概述

冰岛现行专利制度由《专利法》(2007 年)、《工业品外观设计保护法》(2008年)、《职务发明法》组成。

专利保护的类型及期限

发明专利：保护期限为20年。医药产品和农用化学品保护期限可延长至25年。

外观设计：自动保护 5 年，可续展 4 次，每次 5 年，最长可以保护 25 年。

接受申请文本语言

冰岛申请材料提交时可以使用冰岛语、丹麦语、挪威语、瑞典语或英语，但说明书、权利要求书、摘要及附图须在公开前提交冰岛语译本。文件可用冰岛语、丹麦语、挪威语、瑞典语、英语书写。

2. 冰岛专利申请的审查制度

· 发明

冰岛专利申请同中国申请程序基本一致，申请主要流程为：专利申请、初步审查、早期公开、实质审查、专利授权。

冰岛专利局对申请文件进行形式审查和实质审查，实质审查主要审查新颖新和创造性。并在自申请日满 18 个月后，有优先权的自优先权日起，进行早期公开。冰岛设有新颖性检索。申请人自优先权日起三十一个月内可以对申请文件进行修订。

· 外观设计

申请文件包括：申请表、图片（既可以是照片也可以是图纸）。冰岛外观设计申请为登记注册制。申请人提交申请之后，进行形式审查，同时可依申请人要求进行新颖性审查。符合要求即进行登记注册，申请人可申请 6 个月内延期注册。

3. 冰岛专利申请途径

·发明专利

国外向该国申请专利的途径分为以下两类途径，共 4 种方式：

（1）PCT 途径

PCT 该国申请；

PCT 指定 EPO 申请指定该国。

（2）巴黎公约途径

该国申请；

EPO 申请指定该国。

·外观设计

国外申请该国外观设计专利的途径为巴黎公约途径。

4. 冰岛专利申请报价表

类型	费用名称	官费（冰岛克朗）
发明	申请费	47,000
	授权费	20,000
外观设计	申请费	12,000(0-5 年)/15,000(5-10 年)
	检索费	8,000

俄罗斯

1. 俄罗斯专利申请概述

俄罗斯为 EAPO 成员国。俄罗斯于 1812 年，通过了该国历史上第一部专利保护法（该法于 1919 年被废止）。之后颁布的专利相关法律规定，几乎将发明的所有权利都归属于国家，只给发明者发放证书以兹鼓励。任何人不能出售这项发明或出售使用这项发明的许可权，因为它已经是国家财产。工业设计权的保护状况与此是相似的。

直至 1992 年，俄罗斯建立了新的知识产权管理机构——俄罗斯专利商标局，取代了苏联时期的国家发明发现委员会，至此俄罗斯现代专利制度正式建立。

现行的俄罗斯专利保护制度主要法律由《俄罗斯联邦民法典》（第四部分）及其他单行的法律构成。

专利保护的类型及期限

发明专利：保护期限为 20 年。有关药品、农业化学制品和杀虫剂的专利可以享有最长 5 年的专利期限延长期。

实用新型：保护期限为 13 年。

外观设计：保护期限为 15 年。

2. 俄罗斯专利申请的审查制度

· 发明

俄罗斯发明专利申请程序同中国基本一致，俄罗斯专利局对申请文件进行形式审查和实质审查。在提出实审请求之后的一年内有望收到第一次审查意见通知书。其后必须在两个月内提交对审查意见通知书的答复，答复期限可以逐月延长，总共最长延长 10 个月。

· 实用新型

俄罗斯实用新型仅要求具有新颖性而不要求具有创造性。并且对于实用新型专利申请只进行形式审查。实用新型专利申请在申请提交之后 4 至 12 个月内授予专利权。实用新型专利权的有效期是申请日起 13 年。实用新型申请可以在授权前任何时间转换为发明申请。发明申请可以在公布之前转换为实用新型申请。在实用新型专利权的有效期内，任何人可随时向专利争议委员会提出异议。

・外观设计

俄罗斯外观设计专利的审查制度为实审制。俄罗斯外观设计对视图的要求不是很严格，对视图名称亦没有明确的要求，但是必须有外观设计的简要说明，对简要说明字数没有严格的限制。

3. 俄罗斯专利申请途径

・发明专利

该国发明专利申请的途径分为以下两类途径，共 5 种方式：

（1）巴黎公约指定该国；

（2）巴黎公约 EAPO；

（3）PCT 国际申请指定该国；

（4）PCT 国际申请指定 EAPO 欧亚专利局；

（5）中俄 PPH 途径。

・实用新型

该国实用新型专利申请的途径为巴黎公约该国申请。

・外观设计

该国外观设计专利申请的途径为巴黎公约该国申请。

4. 俄罗斯专利申请报价表

类型	费用名称	官费（卢布）
发明	申请费	1,650
	实审费	2,450
	授权费	1,650
实用新型	申请费	850
外观设计	申请费	850
	实审费	1,650

白俄罗斯

1. 白俄罗斯专利申请概述

白俄罗斯现行专利制度主要由 2002 年 12 月 16 日《白俄罗斯共和国第 160-3 号法，关于发明、实用新型和工业品外观设计专利》（2010 年修订）规定。

专利保护的类型及期限

发明专利：保护期限为 20 年。

实用新型：自申请提交之日起保护 5 年，可续展 3 年。

工业品外观设计：自申请提交之日起 10 年，可续展 5 年。

接收申请文本语言

俄语。

2. 白俄罗斯专利申请的审查制度

· 发明

白俄罗斯为 EAPO 成员国，其专利申请制度与俄罗斯十分相似，也与我国大致相同。

在申请经初步审查通过之后，依申请人或提交申请的代理人请求，在申请日起 3 年内可进行实质审查。实审通过后才可授予发明专利权。

· 实用新型

白俄罗斯实用新型无需实质审查，专利局只对申请进行形式审查，不核实其可专利性，申请人需要对专利权的授予负责。

· 外观设计

白俄罗斯工业品外观设计的申请程序亦同我国相似，申请不需要实质审查，形式审查通过之后，即授予专利权，并公开其外观设计。

3. 白俄罗斯专利申请途径

· 发明专利

该国发明专利申请的途径分为以下两类途径，共四种方式：

（1）巴黎公约途径

巴黎公约指定该国；

巴黎公约 EAPO。

（2）PCT 途径

PCT 国际申请指定该国；

PCT 国际申请指定 EAPO 欧亚专利局 。

· 实用新型

该国实用新型专利申请的途径为巴黎公约该国申请。

· 外观设计

该国外观设计专利申请的途径为巴黎公约该国申请。

4. 白俄罗斯专利申请报价表

类型	费用名称	官费（美元）
发明	申请费	100
	实审费	600
	授权费	200
实用新型	申请费	100
	登记费	200
外观设计	申请费	180
	登记费	200

摩尔多瓦

1. 摩尔多瓦专利申请概述

摩尔多瓦现行专利制度主要由 2007 年《外观设计保护法》和 2008 年《专利保护法》等法律进行规范。

专利保护的类型及期限

发明专利：保护期限为 20 年。

短期专利：保护 6 年，可续展一次，不超过 4 年。

外观设计：保护期限为 15 年。

接受申请文本语言

摩尔多瓦语。

2. 摩尔多瓦专利申请的审查制度

· 发明

摩尔多瓦为 EAPO 成员国，其发明专利的申请流程与我国大致相同。

申请后进行一个月的形式审查和两个月的初步审查，通过后自申请日起满十八个月进行公开。之后申请人需在申请日起三十个月内提出实质审查请求，实质审查需要九个月时间，摩尔多瓦申请相对周边国家费用较高。

· 短期专利

摩尔多瓦短期专利类似于我国的实用新型，要求申请具有新颖性、实用性，而不要求创造性。

与我国实用新型差异在于：权利要求不超过 5 项；正常情况下不需要提交检索报告证明其新颖性，若有人提出异议，则需提交检索报告；申请人可就同一发明同时申请发明专利和短期专利，当授予发明专利时，之前获得的短期专利自动失效。因为比专利申请更简单，短期专利的整个申请程序在 12 个月内即可完成。

· 外观设计

摩尔多瓦外观设计专利的申请程序实行实质审查制。申请文件除包括申请表、图片等直观表现设计的资料外。申请表还应附有同意书 。一份申请文件同样可以包含有同一主题的一份以上的设计。

3. 摩尔多瓦专利申请途径

· 发明专利

该国发明专利申请的途径分为以下两类途径，共四种方式：

（1）巴黎公约途径

巴黎公约指定该国；

巴黎公约 EAPO。

（2）PCT 途径

PCT 国际申请指定该国；

PCT 国际申请指定 EAPO 欧亚专利局 。

· 短期专利

该国实用新型专利申请的途径为巴黎公约该国申请。

· 外观设计

该国外观设计专利申请的途径为巴黎公约该国申请。

4. 摩尔多瓦专利申请报价表

类型	费用名称	官费（欧元）
发明	申请费	100
	公开费	50
	检索费	250
	实审费	250
短期专利	申请费	100
	审查费	50
	授权费	50
外观设计	申请费	20
	实审费	50
	授权费	70

波斯尼亚和黑塞哥维那

1. 波斯尼亚和黑塞哥维那专利申请概述

波斯尼亚和黑塞哥维那(波黑)现行专利制度法律体系主要为《专利法》(2010年)和《工业设计法》(2011年)构成。

专利保护的类型及期限

发明专利：保护期限为 20 年。

许可专利：保护期为 10 年。

外观设计：自申请之日起自动保护 5 年。可续展 4 次，每次 5 年，不得超过 25 年。

接受专利申请文本语言

波斯尼亚语、塞尔维亚语。

2. 波斯尼亚和黑塞哥维那专利申请的审查制度

· 发明专利

波黑发明专利与中国大致相同，区别主要在于实质审查请求提交的时间。

专利局首先对发明专利申请进行形式审查，后于申请日起 18 个月后公开。公开之后 6 个月内，申请需要提交实质审查的请求，而后专利局对申请进行实质审查，包括可专利性审查和单一性审查。实质审查通过之后，授予专利权。

· 许可专利

许可专利类似于我国的实用新型专利，许可专利的申请程序与其发明专利相似，和发明专利的主要区别在于并不进行实质审查。公开之后便可授予许可专利权。但在专利公开之后的 6 个月内，任何人或合法实体可在授予专利权的许可专利提出异议或对其提出实审请求。

在许可专利保护期间，申请人随时有权提出相关专利的实审请求。

· 外观设计

波黑外观设计专利的申请程序与中国外观设计专利申请程序大体相似，申请人申请之后，主管局对申请进行形式审查，无需实质审查，审查通过之后即予以登记注册，授予外观设计专利权。同时，该国工业设计在一定条件下可转换为发明专利或许可专利。

3. 波斯尼亚和黑塞哥维那专利申请途径

· 发明专利

该国发明专利申请的途径分为以下两类途径，共四种方式：

（1）巴黎公约途径

巴黎公约该国申请；

EPO 指定该国生效。

（2）PCT 途径

PCT 该国申请；

PCT 国际申请选定 EPO。

· 许可专利

该国许可专利申请的途径为巴黎公约途径。

· 外观设计

该国外观设计专利申请的途径为巴黎公约该国申请。

黑山

1. 黑山专利申请概述

黑山现行专利制度主要通过《专利法》（2008）和《工业品外观设计保护法》（2011）进行规范。

专利保护的类型及期限

发明专利：保护期限为 20 年。

外观设计：自申请日起 5 年，可续展 4 次，每次 5 年。

接受申请文本语言

塞尔维亚语。

2. 黑山专利申请的审查制度

· 发明

黑山发明专利申请审查程序与我国最大区别在于无实质审查程序。即该国专利申请不进行实质审查，公开之后即授权专利。

· 外观设计

黑山共和国外观设计申请为登记注册制。申请人提交申请之后，进行形式审查，符合要求即进行登记注册，在专利授予之前，申请人可随时全部或者部分撤回申请。申请人可以随时提交补充资料，但不得影响申请专利的保护范围。

3. 黑山专利申请途径

· 发明专利

该国发明专利申请的途径分为以下两类途径：

（1）巴黎公约该国申请。

（2）PCT 该国申请。

3.2 外观设计专利途径

该国外观设计专利申请的途径为巴黎公约该国申请。

马其顿

1. 马其顿专利申请概述

马其顿现行专利制度法律体系主要由《工业产权法》、《专利实施细则》和《工业设计实施细则》等构成。

专利保护的类型及期限

发明：保护期限为 20 年。

外观设计：自申请之日起自动保护 5 年，可续期 4 次，每次 5 年，最长不得超过 25 年。

接受申请文本语言

马其顿语。

2. 马其顿专利申请的审查制度

· 发明专利

马其顿发明专利申请制度与中国相比存在较大差别，首先马其顿当局不具备对发明专利进行实质审查的能力，申请人在递交申请时应告知其所选择的审查机构，该审查机构可为国家或国际的相关机构，需在 PCT 下有制作国家检索报告资质，或一些根据特殊协议而有权进行检索或进行实质审查的机构。若不告知，需在申请日后 6 个月内提交一份说明。

其次，马其顿专利局对发明专利申请进行预审，主要需审查申请的新颖性和实用性，但不对创造性做审查。若有不足会通知申请人，申请人有 60 天时间修正。申请人若提出延长申请，审查部门可再延长 60 日。若符合要求，审查部门会告知申请人，申请人须在 30 天内支付公开和批准等费用。

申请须在递交申请后的两年内向选定的实质审查机构递交实质审查申请。在收到审查结果的 6 个月内向马其顿知识产权局提交，并同时提交结果的马其顿语译本。若不递交，则知识产权局将驳回其申请。马其顿知识产权局将根据实审的结果是否符合新颖性、创新性和实用性来决定是否批准申请。

- 外观设计

马其顿外观设计同中国相似，进行形式审查，而无需实审。若申请不符合形式审查要求，知识产权局将通知申请人，申请人有 60 天时间改正。满足条件的申请将再次接受检查，通过检查后知识产权局将直接做出批准或驳回的决定。

申请人可申请延期公开，不超过申请日（有优先权日的为优先权日）起12 个月。

3. 马其顿专利申请途径

- 发明专利

该国发明专利申请的途径分为以下两类途径，

（1）巴黎公约该国申请。

（2）PCT 该国申请。

- 外观设计

该国外观设计专利申请的途径为巴黎公约该国申请。

4. 马其顿专利申请报价表

类型	费用名称	官费（欧元）
发明	申请费	20
	授权费	50
外观设计	申请费	30
	登记公开	70

塞尔维亚

1. 塞尔维亚专利申请概述

塞尔维亚现行专利制度主要由《专利法》和《工业品外观设计保护法》规定。

专利保护的类型及期限

发明专利：保护期限为 20 年，医药品和植物保护产品可经审核再延长，但不得超过 5 年。

小专利： 保护期 10 年。

外观设计：自申请之日起自动保护 5 年。可续展，不得超过 25 年。

接受申请本文语言

塞尔维亚语。

2. 塞尔维亚专利申请的审查制度

· 发明专利

塞尔维亚发明专利申请程序与我国相似，但也具有其自身特点。

在塞尔维亚申请发明专利可要求巴黎公约规定的优先权，要求优先权申请需在塞尔维亚申请日后的两个月内提出，优先权文件需得到其申请国相关部门的认证（巴黎公约或 WTO 的成员国），优先权文件提交期限不得晚于在塞尔维亚申请后 3 个月。若作为优先权基础的在先申请以非塞尔维亚语提交，相关部门会要求申请人在接到通知后的两个月内提交一份塞尔维亚语的译文。

申请日确定后进行预审，若不符合要求，申请人有超过 2 个月但不多余 3 个月的时间改正申请。若符合预审要求，相关部门将要求申请人提交检索报告申请，并在收到通知后的一个月内支付相关费用。申请人也可在收到通知前自行做出申请。若申请人不能在规定时间提出申请并支付费用，申请将被驳回。

如果相关部门认为因申请不符合要求所以无法完整做出检索报告，则其可对此进行声明，或对专利的其中一部分做出报告，或做部分报告。

申请日（有优先权日的为优先权日）起满18个月后，进行公开，经申请人申请可提前公开，但不得早于申请日后三个月。

在收到检索报告后的六个月内申请人应申请实质审查，申请人只有在交完相关费用且得到证明后才算完成申请。若在规定时间能不提出实质审查请求，申请将被驳回。

若不符合实审要求，申请人有不少于2个月但不超过3个月修改答复期。

·小专利

类似于我国的实用新型专利，小专利无需经过专利性审查也不会进行公开。小专利在授权后将在专利公报中公布。

在小专利被批准或驳回前，申请人可申请将其转化为发明专利申请或工业外观设计申请。

·外观设计

塞尔维亚外观设计专利在形式审查合格后，还需要对申请的新颖性和独特性进行审查，若不符合要求，则申请人可在规定时间内回应。

3. 塞尔维亚专利申请途径

·发明专利

该国发明专利申请的途径分为以下两类途径：

（1）巴黎公约该国申请。

（2）PCT 该国申请。

·小专利

小专利申请的途径为巴黎公约该国申请。

·外观设计

该国外观设计专利申请的途径为巴黎公约该国申请。

4.塞尔维亚专利申请报价表

类型	费用名称	官费（第纳尔）
发明	申请费	63,000
	实审费	18,920
	授权费	2,550
小专利	申请费	63,000
	授权费	2,550
外观设计	申请费	5,630
	登记费	1,680

乌克兰

1. 乌克兰专利申请概述

乌克兰现行专利制度主要由《发明和实用新型保护法》（2009年）和《工业品外观设计权利保护法》（2003年）来规范。

专利保护的类型

发明专利：保护期限为20年，医药品和农药发明专利有效期可申请延长5年。

实用新型：保护期为16年。

外观设计：自动保护10年，可申请续展1次，最长不超过15年。

接受申请文本语言

乌克兰语、俄语。

2. 乌克兰专利申请的审查制度

·发明和实用新型

乌克兰发明及实用新型专利申请制度与中国基本相同，发明专利需要进行实质审查，实用新型专利只需进行形式审查。都可以要求巴黎公约规定的12个月优先权。专利申请后两至三个月内完成形式审查，发明专利申请需要申请人在申请之日起三年内提出实质审查请求。

·外观设计

在乌克兰申请外观设计专利要求与中国相似，申请人需要提交的申请文件也与我国专利局要求大体相同，无需实质审查。

3. 乌克兰专利申请途径

·发明专利

该国发明专利申请的途径分为以下两类途径：

（1）巴黎公约该国申请。

（2）PCT 该国申请。

· 外观设计

该国外观设计专利申请的途径为巴黎公约该国申请。

4. 乌克兰专利申请报价表

类型	费用名称	官费（赫夫米）
发明	申请费	800
	公开费	200
	实审费	3000
实用新型	申请费	800
	公开费	200
外观设计	申请费	800

第三章／美洲专利申请

美洲申请制度及途径概述

美洲PCT成员国专利制度

一 美洲申请制度及途径概述

美洲专利制度发展存在较大的地域差异。在北美洲，经济十分发达，技术水平较高，以美国和加拿大为首的两大发达国家，不论是本国专利的申请量，还是域外专利的申请量，都居于世界先列；而且专利保护制度也相当完善，处于国际领先水平。

相对于北美洲完备的专利制度，拉丁美洲国家尚存在一定的不足，随着国家自身经济的发展和国际化潮流的驱使，拉丁美洲专利制度整体发展十分迅速。自身技术水平的提高和专利保护国际化的趋势，使得这些国家专利申请制度和保护制度日趋完善。

美洲专利的保护类型大致分为发明专利、实用新型和外观设计三种类型。与欧洲传统专利强国不同，除极少数国家之外，美洲大多数国家专利类型均包括实用新型。

由于美洲国家专利申请、保护存在较大区域性差异等综合原因，目前，美洲国家尚未形成一个较为完备有效的区域性专利组织来管理和维护区域内的专利事务，导致美洲国家专利申请途径也相对简单，主要包括巴黎公约途径和 PCT 国际申请进入国家阶段这两种途径。申请途径介绍图可参照亚洲没有加入专利性组织的国家的途径图表（如图 1）。

二　美洲 PCT 成员国专利制度

美国

1. 美国专利申请概述

美国现行专利制度主要由《美国专利法》（2013 年）和《莱希史密斯美国发明法》（2013）来规范。

专利保护的类型

发明：最长保护期为申请后 20 年。

外观设计：最长保护期为注册后 14 年。

接受申请文本语言

英语。

2. 美国专利申请的审查制度

·发明

美国所称的实用专利相当于我国的发明专利，美国发明专利的申请制度与我国不尽相同，作为从先发明制转变为先申请制的国家，美国在其申请制度中有其自己的特点。

申请人可以首先提交临时申请，申请文件可以并不完善，申请文件将被在申请材料完善后被授予申请号和申请日，此申请日为申请人最初递交材料之日。申请人可以在申请日起 12 个月内提交正式申请，如果超过此期限申请人没有提交正式申请，此临时申请将被视为放弃。

专利局对申请材料初步审查后，美国专利局可以进行新颖性检索，新颖性检索是一个可选程序。申请文件将在自申请日起满 18 个月后进行公开。专利局进行实质审查，内容包括是否属于可保护的客体，是否具有新颖性，是否具有创造性，是否具备实用性以及说明书是否清楚。满足条件授予专利权。

·外观设计

美国外观设计专利与我国不同，在美国外观设计专利申请需要经过实质审查才能授权，审查内容为：新颖性、非显而易见性、实用性、说明及图片是否清晰。其申请适用发明同样的申请办法。

3. 美国专利申请途径

· 发明专利

该国发明专利申请的途径分为以下三类途径

（1）巴黎公约该国申请。

（2）PCT 该国申请。

（3）中美 PPH 途径。

· 外观设计

该国外观设计专利申请的途径为巴黎公约该国申请。

4. 美国专利申请报价表

类型	费用名称	官费（美元）		
		微型企业	小型企业	大型企业
发明	申请费	70	140	280
	检索费	150	300	600
	实审费	180	360	720
	授权费	445	890	1780
外观设计	申请费	45	90	180
	检索费	30	60	120
	审查费	115	230	460
	授权费	255	510	1020

加拿大

1. 加拿大专利申请概述

加拿大专利事务主管机关是加拿大知识产权局（CIPO）。

专利保护的类型

发明：申请日起 20 年。

外观设计：授权日起 10 年，可续展 5 年。

接受申请文本语言

英语或法语。

2. 加拿大专利申请的审查制度

·发明

加拿大发明专利的申请制度大体与我国类似，但申请程序的各个阶段与我国存在一些差异。

发明专利申请提交后可在优先权日（或申请日）起 15 个月内修改任何提交信息。

外国人申请不强制委托代理机构，但需要一个在加拿大的地址；如果委托代理机构申请，需指定设在加拿大境内的代理机构。

专利局在专利受理后进行形式审查，申请在申请日起 18 个月后公开。

发明的实质审查须由申请人在申请日起 5 年内提起且支付审查费后才能进行，审查期大约 2 年，审查合格的授予专利证书。

·外观设计

加拿大外观设计专利与我国的审查制度存在不同，实行实质审查制。

专利申请受理后，主管局对专利进行形式审查，审查其说明书、附图以及照片能够清晰体现外观设计体征以及其组成部分。随后，审查员将对外观设计进行检索，检索其与在先设计的相似性。此检索报告将被作为实质审查阶段的参考依据。在实质审查阶段，审查员将对外观设计的独创性进行审查并结合检索报告进行分析，同时判断外观设计申请是否已被公开一年以上。审查合格后，授予专利权并予以注册。

3. 加拿大专利申请途径

· 发明

该国发明专利申请的途径分为以下两类途径：

（1）巴黎公约该国申请。

（2）PCT 该国申请。

· 外观设计

该国外观设计专利申请的途径为巴黎公约该国申请。

4. 加拿大专利申请报价表

类型	费用名称	官费（美元）	
		小型企业	标准企业
发明	申请费	200	400
	实审费	400	800
	授权费	150	300
外观设计	申请费	400	

洪都拉斯

1. 洪都拉斯专利申请概述

专利保护的类型及期限

发明专利：自申请之日起 20 年，不得续展。

实用新型：自申请之日起 15 年，不得续展。

外观设计：自申请之日起 5 年，可以续展 2 次，每次 5 年，最长不超过 15 年。

接受申请文本语言

西班牙语。

2. 洪都拉斯专利申请的审查制度

· 发明专利

洪都拉斯发明专利申请与中国相似。若申请人在提交本次申请前的 12 个月内就相同主题曾在与洪都拉斯有知识产权条约关系的国家中申请过专利，则其可以在提出本次申请的同时主张优先权。优先权的提出最晚不得超过申请之日起的 30 日，并且申请人应自申请之日起的 3 个月内提交相关证明文件。

专利局在接到申请之后开始对其进行形式审查，若形式审查不合格者，专利局应当通知申请人在接到申请之日起的 2 个月内进行补正。

通过形式审查者，专利局将其申请进行公开。任何人得在公开期内对申请提出异议。专利局对公开后的申请进行实质审查，当申请符合授权的实质要件且不妨碍他人的权利，专利局得对其进行登记并授权。专利局授权后，将在专利公报上公开专利的全部内容。

· 实用新型

洪都拉斯实用新型申请程序不需要实质审查，形式审查之后，即授权公开。

· 外观设计

洪都拉斯外观设计与中国类似，专利局在收到申请后只对其进行形式审查，不进行实质审查。通过形式审查者，专利局在官方公报上进行公开，若 30 天内无人提出异议，专利局授予专利权并颁发专利证书。申请人可以在提出申请时同时要求延期公开，但不得超过自申请之日起的 12 个月。

3. 洪都拉斯专利申请途径

·发明专利

该国发明专利申请的途径分为以下两类途径：

（1）巴黎公约该国申请

（2）PCT 该国申请

·实用新型

该国实用新型专利申请的途径为巴黎公约该国申请。

·外观设计

该国外观设计专利申请的途径为巴黎公约该国申请。

4. 洪都拉斯专利申请报价表

类型	费用	官费（美元）
发明	申请费	500
	检索费	60
	实审费	已含在申请费内
实用新型	申请费	300
	公开费	350
外观设计	申请费	100
	公开费	350

巴西

1. 巴西专利申请概述

巴西的专利事务主管机关是巴西工业产权局，隶属于发展、工业与对外贸易部。

专利保护的类型

发明：申请日起 20 年。

实用新型：申请日起 15 年。

外观设计：申请日起 10 年，可续展 3 次，每次 5 年，即最长保护期为 25 年。

接受申请文本语言

葡萄牙语。

2. 巴西专利申请的审查制度

·发明专利

巴西专利申请程序与我国基本一致，流程为：专利申请、形式审查、早期公开、实质审查、专利授权。

差异在于：提交申请 60 天内对专利进行形式审查；申请人在支付审查费后，自申请日起 36 个月内提起专利实质审查申请；在巴西没有住所的外国人提出专利申请需委托代理机构，授权委托书无需公证、认证；自申请日起第 3 年开始支付年费。

·实用新型

巴西实用新型申请程序与发明专利基本一致。不同之处仅在于优先权时效，实用新型自在国外第一次提出专利申请之日起 180 天内、在国内第一次提出专利申请之日起 60 天内，享有优先权。

·外观设计

巴西外观设计申请不进行实审。自在国外或国内第一次提出专利申请之日起

90 天内享有优先权。形式审查合格后在申请日起 180 天内予以公开，并授予专利登记证书。

3. 巴西专利申请途径

· 发明专利

该国发明专利申请的途径分为以下两类途径：

（ ）1 巴黎公约该国申请。

（2）PCT 该国申请。

· 实用新型

该国实用新型专利申请的途径为巴黎公约该国申请。

· 外观设计

该国外观设计专利申请的途径为巴黎公约该国申请。

4. 巴西专利申请报价表

类型	费用名称	官费（里尔约）
发明	申请费	235
	实审费	590
	公开费	235
实用新型	申请费	380
外观设计	申请费	235

秘鲁

1. 秘鲁专利申请概述

秘鲁专利主要法律为《秘鲁工业产权法》（1996 年 5 月 24 日生效）。

专利保护的类型

发明：保护期为申请日后 20 年。

实用新型：保护期为申请后 10 年。

外观设计：保护期为申请后 10 年。

接受申请文本语言

西班牙语。

2. 秘鲁专利申请的审查制度

·发明

秘鲁发明专利申请制度与中国大致相同，自接到申请始专利局在 15 个工作日内进行形式审查。

自申请日 18 个月内，专利局对于符合形式审查的应当进行公告。在公布之前申请人可以不扩大范围进行修改，也可以要求专利类型的转化。

公告期内任何人可以对专利提出异议，期满后无异议的专利局应当进行实质审查。

对于申请全部符合要求的，专利局应当授予专利；对于部分符合要求的，专利局应当对符合条件的权利要求授予专利。

·实用新型

实用新型的申请程序与发明相同，但费用为申请发明相应费用的一半。

·外观设计

秘鲁外观设计申请与我国不同，提交申请 15 个工作日内，专利局进行审查，符合条件应予公布，此间任何人可以提出意见。

公布后 30 个工作日内，如果没有人异议则进行新颖性审查，符合条件授予专利。

3. 秘鲁专利申请途径

· 发明专利

该国发明专利申请的途径分为以下两类途径：

（1）巴黎公约该国申请。

（2）PCT 该国申请。

· 实用新型

该国实用新型专利申请的途径为巴黎公约该国申请。

· 外观设计

该国外观设计专利申请的途径为巴黎公约该国申请。

4. 秘鲁专利申请报价表

类型	费用名称	官费（美元）
发明	申请费	128
	检索费	48
	实审费	218
	授权费	22
实用新型	申请费	78
	检索费	48
	注册费	22
外观设计	申请费	78
	检索费	48
	注册费	22

阿根廷

1. 阿根廷专利申请概述

阿根廷现行的专利法律为《专利与实用新型法》。

专利保护的类型

发明：20 年，无延期。从申请之日起算。

实用新型：10 年，无延期。从申请之日起算。

外观设计：5 年。

接受申请文本语言

西班牙语。

2. 阿根廷专利申请的审查制度

·发明专利

阿根廷发明专利和实用新型的申请流程一致，与我国有一定差异。申请流程为：专利申请、形式审查、实质审查、早期公开、专利授权。

差异在于：提交的专利申请之日起 90 天内，申请人可进行材料补充，更正和修改；形式审查在提交申请之日起 20 天内进行；一般情况下不实审，如需实审应在缴费后 180 天内进行；发明专利与实用新型申请可以相互转换，转换在申请之日起 90 天内提出。

·实用新型

阿根廷实用新型专利申请流程与发明专利基本相同，同样用《专利与实用新型法》进行保护。

·外观设计

阿根廷外观设计申请流程与我国基本一致，其流程为：专利申请、形式审查、早期公开、专利授权。

同样享有 6 个月优先权，采用登记注册制。差异在于：阿根廷工业设计的一份申请里可以含至多 50 个同质性的外观设计。

3. 阿根廷专利申请途径

· 发明专利

该国发明专利申请的途径分为以下两类途径：

（1）巴黎公约该国申请。

（2）PCT 该国申请。

· 实用新型

该国实用新型专利申请的途径为巴黎公约该国申请。

· 外观设计

该国外观设计专利申请的途径为巴黎公约该国申请。

4. 阿根廷专利申请报价表

类型	费用名称	官费（比索）
发明	申请费（个人）	720
	申请费（单位）	1800
	实审费	1500
	授权费	600
实用新型	申请费（个人）	360
	申请费（单位）	900
	授权费	400
外观设计	申请费	1100

智利

1. 智利专利申请概述

智利专利主管机关是智利国家工业产权局（INAPI），隶属于其经济部。

专利保护的类型

发明：申请日起 20 年。

实用新型：申请日起 10 年，不可延展。

外观设计：申请日起 10 年，不可延展。

接受申请文本语言

西班牙语。

2. 智利专利申请的审查制度

·发明专利

智利发明专利的申请制度与我国在申请流程的各个阶段都有一定差异。

首先，申请提交后可在任何时间修改提交信息。外国人申请专利不强制要求委托代理人，且智利的任何自然人和法人都可以充当代理人。

自在国外第一次提出专利申请之日起 6 个月内享有优先权。

申请在提交 1 个月后进入初步审查阶段，自申请日起 18 个月后公开。专利申请公开后，有 60 天的异议期，异议期后，申请进入实质审查阶段。进入实质审查后满 120 天，智利国家工业产权局做出审查报告并公开。公开 120 天后最终决定是否授予专利权。

发明费用大致含申请费及审查费，发明需在申请时一次性支付前 10 年的年费。

·实用新型

智利实用新型申请流程为：提交申请、形式审查、公开、专利授权。

智利实用新型审查新颖性及工业实用性。采用注册制，提交申请后，国家工业产权局进行形式审查，合格后即可注册登记。实用新型产品包装上必须标有

"M.U"作为标志。

· 外观设计

智利外观设计申请流程为：提交申请、形式审查、公开、专利授权。

申请文件包含：申请书、说明书、图纸和模型。采用登记注册制，提交申请后，国家工业产权局进行形式审查，合格后即可注册登记。在产品或包装上标明"D.I."作为标志。

3. 智利专利申请途径

· 发明专利

该国发明专利申请的途径分为以下两类途径：

（1）巴黎公约该国申请。

（2）PCT 该国申请。

· 实用新型

该国实用新型专利申请的途径为巴黎公约该国申请。

· 外观设计

该国外观设计专利申请的途径为巴黎公约该国申请。

4. 智利专利申请报价表

类型	费用名称	官费（美元）
发明	申请费	95
	公开费	100
	实审费	900
	授权费	100
实用新型	申请费	95
	公开费	100
	审查费	730
	授权费	80
外观设计	申请费	95
	公开费	100
	审查费	80
	授权费	80

安提瓜和巴布达

1. 安提瓜和巴布达专利申请概述

安提瓜和巴布达专利事务主管机关是安提瓜和巴布达知识产权与商业局。

专利保护的类型及期限

发明专利：申请日起 20 年。

实用新型：申请日起 7 年。

外观设计：申请日起 5 年，届期可续展 2 次，每次 5 年。

接受申请文本语言

英语。

2. 安提瓜和巴布达专利申请的审查制度

·发明专利

安提瓜与巴布达专利申请流程较我国简便。申请流程为：专利申请、形式审查、公开、专利授权。专利申请在该国无需实审，形式审查合格后即可予以公开并授予专利证书。

·实用新型

安提瓜与巴布达实用新型的审查标准中并不涵盖对创造性的要求，只需满足新颖性和实用性即可对申请授予实用新型专利权。在授予实用新型专利之前，申请人可将实用新型专利申请转换为发明专利申请，但只有一次申请转换的机会。

·外观设计

安提瓜与巴布达外观设计申请要进行实审，较为严格。申请流程为：专利申请、形式审查、实质审查、早期公开、专利授权。

申请资料为说明书、图片、照片或其他能够体现外观设计特点的图片或作品。法定期限内享有优先权。通过形式审查和实质审查后进行登记、公开与授予专利登记证书。

3. 安提瓜和巴布达专利申请途径

・发明专利

该国发明专利申请的途径分为以下两类途径：

（1）巴黎公约该国申请。

（2）PCT 该国申请。

・实用新型

该国实用新型专利申请的途径为巴黎公约该国申请。

・外观设计

该国外观设计专利申请的途径为巴黎公约该国申请。

4. 安提瓜和巴布达专利申请报价表

类型	费用名称	官费（美元）
发明	申请费	800
	授权费	已包含在申请费内
外观设计	申请费	250
	授权费	100

巴巴多斯

1. 巴巴多斯专利申请概述

巴巴多斯专利事务主管机关是巴巴多斯公司事务与知识产权局（CAIPO），隶属于国际商业与国际运输部。

专利保护的类型及期限

发明专利：申请日起 20 年。

外观设计：申请日起 5 年，可续展 2 次，每次 5 年。

接受申请文本语言

英语。

2. 巴巴多斯专利申请的审查制度

·发明专利

巴巴多斯发明专利申请程序与我国基本一致，其授权流程为：专利申请、形式审查、早期公开、实质审查、专利授权。不享有永久居留权的申请人需委托当地代理机构进行申请；实质审查审查其新颖性、独创性和工业实用性，若无异议则进行专利授权，登报公布。

·外观设计

巴巴多斯外观设计申请流程采用实质审查制，其主要流程为：外观设计专利申请、形式审查、实质审查、专利授权。自在国内或国外第一次提出专利申请之日起 90 天内享有优先权；不享有永久居留权的申请人需委托当地代理机构进行申请。

3. 巴巴多斯专利申请途径

·发明专利

该国发明专利申请的途径分为以下两类途径

（1）巴黎公约该国申请。

（2）PCT 该国申请。

· 外观设计

该国外观设计专利申请的途径为巴黎公约该国申请。

4. 巴巴多斯专利申请报价表

类型	费用名称	官费（巴巴多斯元）
发明	申请费	300
	授权费	300

巴拿马

1. 巴拿马专利申请概述

专利保护的类型

发明：保护期为 20 年，不可延期。

实用新型：保护期为 10 年，不可延期。

外观设计：保护期为 10 年，可延期 5 年。

接受申请文本语言

西班牙语。

2. 巴拿马专利申请的审查制度

·发明

巴拿马专利的授权程序较之我国相对简单，流程为：专利申请、形式审查、早期公开、专利授权。

申请优先权需适用以下的规则：在巴拿马提交申请的六个月内，需提交一份优先权申请的副本，而我国为三个月内提交优先权副本。若原文不是西班牙语，需在权威认证的翻译的陪同下，领事公证处进行认证。

申请材料中若申请人不是发明人，则还需要一份授权委托书。若申请提交后发现有不合规定的地方，应在六个月中更正，经申请人申请，可最多延期六个月。在申请日或优先权的 18 个月后，专利将被公开。但在 18 个月内的任何时候，申请人都可以书面形式申请提早公开。

·实用新型

巴拿马实用新型和外观申请程序一致，其流程为：专利申请、形式审查、早期公开、专利授权。

若已在除巴拿马外的其他国家申请过同一专利，则在其他国家的申请时间将被认作是优先权时间。早期公开时限为 18 个月，在此期间若无异议则颁发专利证书。

- 外观设计

巴拿马实用新型和外观申请程序一致，其流程为：专利申请、形式审查、早期公开、专利授权。

若已在除巴拿马外的其他国家申请过同一专利，则在其他国家的申请时间将被认作是优先权时间。早期公开时限为 12 个月，在此期间若无异议则颁发专利证书。

3. 巴拿马专利申请途径

- 发明专利

该国发明专利申请的途径分为以下两类途径：

（1）巴黎公约该国申请。

（2）PCT 该国申请。

- 实用新型

该国实用新型专利申请的途径为巴黎公约该国申请。

- 外观设计

该国外观设计专利申请的途径为巴黎公约该国申请。

4. 巴拿马专利申请报价表

类型	费用名称	官费（美元）
发明	申请费	178（含 5 年年费）
实用新型	申请费	128（含 5 年年费）
外观设计	申请费	128（含 5 年年费）

玻利维亚

1. 玻利维亚专利申请概述

现行法律为《共和国工业专利申请程序及使用法》（1916 年）和《商标、工业产权及商业记录法》（1918 年）。

专利保护的类型及期限

实用新型：15 年，无延期。从申请之日起算。

工业设计：15 年，无延期。从申请之日起算。

接受申请文本语言

西班牙语。

2. 玻利维亚专利申请的审查制度

玻利维亚对专利的定义是对社会有益的新发明、新创造，都采用较为便捷的登记制，无需实审。

·实用新型

玻利维亚实用新型指对现有工具的改进，能使其达到最佳使用状态。因为采用登记制，故申请过程较我国简便。申请流程为：专利申请、形式审查、早期公开、专利授权。

·工业设计

玻利维亚工业设计指能被用作工业生产模型且具有简单美学的新创造。采用登记制，登记后即可授权。

3. 玻利维亚专利申请途径

·实用新型

该国实用新型专利申请的途径为巴黎公约该国申请。

　　· 工业设计

该国工业设计专利申请的途径为巴黎公约该国申请.

4. 玻利维亚专利申请报价表

类型	费用名称	官费（玻币）
发明	申请费	800
	实审费	1000
实用新型	申请费	700
工业设计	申请费	600

伯利兹

1. 伯利兹专利申请概述

伯利兹现行专利制度法律体系主要由《专利法》（2005）和《外观设计法令》（2000）构成。

专利保护的类型及期限

发明专利：申请日起 20 年

外观设计：申请日起 5 年。届期可续展 2 次，一次 5 年。

接受申请文本语言

英语。

2. 伯利兹专利申请的审查制度

· 发明专利

伯利兹发明专利申请与中国不同，专利局接受申请之后，先对申请进行形式审查，审查合格的予以公开，公开后直接授予专利权并将专利证书公布，无需进行实质审查。

在授权或拒绝授予发明专利前，发明专利申请可转换为实用新型专利申请。最多只有一次转换机会。

· 外观设计

伯利兹外观设计专利申请与中国不尽相同，相比于中国的授权之后公开，该国专利局在对申请进行形式审查之后，便予以公开，公开之后才授予专利权并公布专利证书。

3. 伯利兹专利申请途径

· 发明专利

该国发明专利申请的途径分为以下两类：

（1）巴黎公约该国申请。

（2）PCT 该国申请。

· 外观设计

该国外观设计专利申请的途径为巴黎公约该国申请。

4. 伯利兹专利申请报价表

类型	费用名称	官费（伯币）
发明	申请费	150
	公开费	50
	授权费	150
外观设计	申请费	100
	授权费	100

多米尼加

1. 多米尼加专利申请概述

专利保护的类型

发明专利：自申请之日起 20 年，不得续展

实用新型：自申请之日起 15 年，应自申请之日起第 5 年和第 10 年缴纳专利维持费。

外观设计：自申请之日起 5 年，可以续展两次，每次 5 年。

接受申请文本语言

西班牙语。

2. 多米尼加专利申请的审查制度

· 发明专利

多米尼加发明专利申请制度与我国制度有所区别，主要差异表现在实质审查提出的时间及异议制度。

专利局自接到申请之日起的 60 日内完成形式审查，若形式审查不符合要求，专利局应通知申请人，申请人自收到通知之日起 2 个月内补正，否则视为放弃申请。自申请之日起 18 个月内进行公开。经申请人申请，申请可以在 18 个月届满前提前公开。自公开之日起 60 日内，任何人可以就申请提出异议，异议不中止申请程序。专利局应当将异议通知申请人，申请人自收到异议之日起 60 日内答辩，答辩将作为实质审查的参考。申请人自公开之日起 12 个月内申请进行实质审查并缴纳费用，否则视为放弃申请。实质审查围绕申请是否符合实质要件进行。若不符合实质审查的要求，则专利局应通知申请人，申请人自收到通知之日起 3 个月内进行补正。否则，申请将被驳回。申请符合实质审查的，专利局将授予专利权并对其专利进行登记、颁发专利证书以及发放专利复制品。

在早期公开前，申请人可以申请将专利变为实用新型并缴纳转化费。

· 实用新型

多米尼加的实用新型专利的申请程序与我国类似，无需进行实质审查即可授予专利权。

· 外观设计

申请人在提出本申请之日前的 6 个月内，就同一主题在 WTO 成员国或巴黎公约缔约国或根据互惠原则互相承认优先权的国家申请过专利的，可以主张其优先权，主张期限最迟不得超过申请日起的 2 个月内。

3. 多米尼加专利申请途径

· 发明专利

该国发明专利申请的途径分为以下两类：

（1）巴黎公约该国申请。

（2）PCT 该国申请。

· 实用新型

该国实用新型专利申请的途径为巴黎公约该国申请。

· 外观设计

该国外观设计专利申请的途径为巴黎公约该国申请。

4. 多米尼加专利申请报价表

类型	费用名称	官费（比索）
发明	申请费	8002
实用新型	申请费	6060

多米尼克

1. 多米尼克专利申请概述

专利保护的类型

发明专利：自申请之日起，20 年。

实用新型：自申请之日起，7 年，不许续展。

外观设计：自申请之日起 5 年，但是可以续展两次，每次 5 年。

接受申请文本语言

英语。

2. 多米尼克专利申请的审查制度

·发明专利

多米尼克发明专利申请制度与中国不太相似，主要差异表现在多米尼克的形式审查和实质审查是同时进行的。

专利局收到申请材料开始进行审查，形式审查和实质审查同时进行。审查围绕要件形式上是否符合相关法规规定、是否符合本法发明专利授权要件展开。审查不合格者，专利局发出驳回通知并注明驳回理由。审查合格者，专利局公示其申请、颁发专利证书及专利复制件、进行专利登记并授权。在申请被驳回或授权前，申请人可以在缴纳费用后将发明专利申请与实用新型申请互换，反之亦可，但转化只能进行一次。

·实用新型

多米尼克的实用新型专利的申请程序与我国类似。无需进行实质审查即可授予专利权。

·外观设计

专利局收到申请材料开始进行审查，审查只包括形式审查，不需要进行实质审查。审查围绕申请形式是否符合本法外观设计的定义及是否付费、是否违背公序良俗展开。

3. 多米尼克专利申请途径

·发明专利

该国发明专利申请的途径分为以下两类：

（1）巴黎公约该国申请。

（2）PCT 该国申请。

·实用新型

该国实用新型专利申请的途径为巴黎公约该国申请。

·外观设计

该国外观设计专利申请的途径为巴黎公约该国申请。

厄瓜多尔

1. 厄瓜多尔专利申请概述

专利保护的类型

发明专利：自申请之日起 20 年。

实用新型：自申请之日起 10 年。

外观设计：自申请之日起 10 年。

接受申请文本语言

西班牙语。

2. 厄瓜多尔专利申请的审查制度

·发明专利

厄瓜多尔发明专利申请制度与中国不太相似，各阶段具有如下特点：

国家工业产权局自收到专利材料之后的 15 日内对申请进行形式审查。如果不符合形式要件，国家工业产权局应通知申请人于收到申请之日起的 30 日内进行补正。此期限可延长 30 日，若申请人未在法定期限内补正，视为放弃申请。

通过形式审查的申请将在通过后的 1 个月内在专利公报上进行公开，申请也可申请延期公布，自申请之日起 18 个月届满即行公开。

在公开之日起的 30 日内，任何权利人得以提出异议。国家工业产权局应将异议通知申请人，申请人应自接到通知之日起的 30 日内进行答辩。在早期公开届满后的 60 日内，国家工业产权局对申请进行实质审查，审查围绕专利的实用性、创造性、新颖性展开。

通过实质审查后，国家工业产权局颁发专利证书并授权。若实质审查发现申请部分符合专利授权要求，则部分授权。若完全不符合专利授权要求，则全部驳回。

在早期公开前，申请人可以提交修改、补正申请，但不得超出权利要求书的范围。申请人可以将发明专利申请转为实用新型申请，反之亦然。

・实用新型

厄瓜多尔实用新型保护的客体与中国大体相似，对专利性尚未达到发明要求的发明创造可申请实用新型保护，其申请程序与该国发明专利申请相似，而相对我国实用新型授权程序更为严格，申请需要实质审查才可授予专利权。

・外观设计

厄瓜多尔外观设计专利的申请与中国相似，国家工业产权局在收到申请之日起对申请进行形式审查，形式审查合格者，颁发专利证书并进行授权。

国家工业产权局对于外观设计不进行实质审查。

3. 厄瓜多尔专利申请途径

・发明专利

该国发明专利申请的途径分为以下两类：

（1）巴黎公约该国申请。

（2）PCT 该国申请。

・实用新型

该国实用新型专利申请的途径为巴黎公约该国申请。

・外观设计

该国外观设计专利申请的途径为巴黎公约该国申请。

4. 厄瓜多尔专利申请报价表

类型	费用名称	官费（美元）
发明	申请费	2820
	检索费	150
	实审费	1515
	授权费	210
实用新型	申请费	140
	检索费	50
	登记注册费	150
外观设计	申请费	530
	检索费	50
	登记注册	530

哥斯达黎加

1. 哥斯达黎加专利申请概述

专利保护的类型

发明专利：自申请之日起 20 年。

实用新型：自申请之日起 10 年。

外观设计：自申请之日起 10 年。

接受申请文本语言

西班牙语。

2. 哥斯达黎加专利申请的审查制度

·发明

哥斯达黎加发明专利申请制度与中国不太相似，主要差异表现在与可以在授权前对权利要求的修改。

专利局收到申请后开始形式审查。如果形式审查不符合，专利局通知专利申请人在 15 个工作日内进行补正。若未按时补正，视为申请被撤回。通过形式审查，申请人应当在一个月内缴纳公开费，若未按时缴纳，视为放弃申请。公开将在专利公报上持续三天。当事人亦可自提出提前公开。任何人得自公开起的三个月内提出反对意见。专利局应当将反对意见通知申请人，并要求其在一个月内提出答辩意见。经过异议期后，专利申请进入实质审查。实质审查的内容围绕是否符合实用性、新颖性、创造性进行。由专业技术人员进行审查，审查完毕出具技术报告。若不符合三性要求，专利局应当通知专利申请人，申请人在一个月内补充提交、补正相关文件。专利技术报告应自收到申请之日的 2 年内出具；实质审查应自收到申请之日的 30 个月内完成。通过实质审查，符合要求的，专利局授予专利并向申请人发放专利证书、专利复制件，并公示专利局的授权决定概要。申请人可以在授权前任何时候撤回申请或者修改申请，修改可以包括权利要求。

· 实用新型

哥斯达黎加专利局对于实用新型专利申请进行形式审查和实质审查。通过审查，专利局公开申请。

· 外观设计

哥斯达黎加专利局对于外观设计申请是否符合只进行形式审查。通过形式审查，专利局公开申请并发放专利申请书。

3. 哥斯达黎加专利申请途径

· 发明专利

该国发明专利申请的途径分为以下两类：

（1）巴黎公约该国申请。

（2）PCT 该国申请。

· 实用新型

该国实用新型专利申请的途径为巴黎公约该国申请。

· 外观设计

该国外观设计专利申请的途径为巴黎公约该国申请。

4. 哥斯达黎加专利申请报价表

类型	费用名称	官费（美元）
发明	申请费	725
	实审费	1000
	授权费	300
实用新型	申请费	125
外观	申请费	125

格林纳达

1. 格林纳达专利申请概述

格林纳达主要专利法律由《专利法》（1898 年）、《英国专利注册法》（1924年）、《英国工业品外观设计注册法》（1928 年）构成。

专利保护的类型

发明专利：保护期为申请后 14 年，申请人可以请求延长，但是根据相应情况不得超过 7 年或者 14 年，由《专利法》予以保护。

外观设计：外观设计自申请之日起自动保护 5 年，可续展四次，每次 5 年，最长不超过 25 年，同英国。

接受申请文本语言

英语。

2. 格林纳达专利申请的审查制度

·发明

在英国取得专利的发明和外观设计在格林纳达受同样的保护。

格林纳达发明专利申请制度与我国不同。首先，提交申请时，申请人需要一份拥有该发明的证明。

其次，完整说明书可以随申请材料同时提交，也可以在提交申请后 9 个月内提交，否则被视为放弃申请。

注册局在接受申请后应当通知申请人，并进行公布。公布后 2 个月内，任何人可就申请提出异议。

注册局对申请材料进行形式审查，符合条件，授予专利权。

·外观设计

格林纳达外观设计的相关规定适用于《英国工业品外观设计注册法》的相关

规定。

　　对于外观设计，在英国取得的外观设计在格林纳达受同样的保护。

3. 格林纳达专利申请途径

· 发明专利

该国发明专利申请的途径分为以下两类：

（1）巴黎公约该国申请。

（2）PCT 该国申请。

· 外观设计

该国外观设计专利申请的途径为巴黎公约该国申请。

4. 格林纳达专利申请报价表

类型	费用名称	官费（东加勒比元）
发明	申请费	300
	授权费	300
实用新型	申请费	300
	授权费	300

古巴

1. 古巴专利申请概述

古巴现行专利制度法律主要是由《2011 年 11 月 20 日第 290 号发明、实用新型和外观设计法案》规定。

专利保护的类型

发明专利：自申请之日起 20 年，不得续展。

实用新型：自申请之日起 15 年，不得续展。

外观设计：自申请之日起 5 年，可以续展 2 次，每次 5 年，最长不超过 15 年。

接受申请文本语言

西班牙语。

2. 古巴专利申请的审查制度

·发明专利

古巴发明专利与中国不尽相同，大体都经过初审、公开、实审阶段，但各个阶段都存在一定差异。

申请人在提出本申请之前的 12 个月内若就同一主题在 WTO 成员国或巴黎公约缔约国曾提出过专利申请的，申请人可在提出本申请的同时主张优先权，最迟不超过自申请日起的 60 日。申请人应自申请之日起的 3 个月内提交证明优先权的相关材料。

古巴专利局收到申请材料之后开始预先审查。预先审查围绕申请保护的专利是否属于保护内容及形式是否符合法律规定进行。

通过初期审查后，专利申请自申请日或优先权日起 18 个月内即行公开。公开后第三人有 60 日可以提出异议并缴纳异议费，申请人自接到异议之日起的 60 日内可以进行答辩。

自公开之日起 12 个月内，经申请人申请，发明专利可以转化成实用新型专利，但包含新材料的发明专利除外。

通过实质审查的专利，专利局颁发专利证书并授权。

·实用新型

古巴实用新型专利申请与中国相似，专利局只进行形式审查，不进行实质审查。该国形式审查内容同发明专利预先审查，预先审查通过即行登记并授权。

·外观设计

古巴外观专利的申请同实用新型专利的申请，申请受理之后，专利局进行形式审查，不进行实质审查。形式审查内容同发明专利预先审查，预先审查通过即行登记并授权。专利局颁发专利证书，申请人缴纳税费及授权费。

申请人申请优先权，应自申请之日起的3个月内提交证明优先权的相关材料。

3. 古巴专利申请途径

·发明专利

该国发明专利申请的途径分为以下两类：

（1）巴黎公约该国申请。

（2）PCT该国申请。

·实用新型

该国实用新型专利申请的途径为巴黎公约该国申请。

·外观设计

该国外观设计专利申请的途径为巴黎公约该国申请。

4. 古巴专利申请报价表

类型	费用名称	官费（比索）
发明	申请费	50
	授权费	200
实用新型	申请费	50
	授权费	150
外观	申请费	40
	实审费	200

墨西哥

1. 墨西哥专利申请概述

专利保护的类型

发明专利：自申请之日起 20 年，不得续展。

实用新型：自申请之日起 10 年，不得续展。

外观设计：自申请之日起 15 年，不得续展。

接受申请文本语言

西班牙语。

2. 墨西哥专利申请的审查制度

·发明

墨西哥发明专利申请程序与我国基本一致，都实行 18 个月的早期公开，并且都需要进行实质审查；但是墨西哥发明专利申请审查制度与中国相比，也有其独特之处：当一份发明专利申请无法达到发明专利授权的条件，则申请人可以自申请之日起 3 个月内或自收到通知之日起的 3 个月内申请将发明转为实用新型或外观设计，逾期不转换的，视为放弃申请。

·实用新型

墨西哥实用新型专利和外观设计专利只进行形式审查，不进行实质审查。形式审查符合要求者，专利局将授权并颁发专利证书、进行登记。

·外观设计

墨西哥外观设计专利的申请与该国实用新型申请程序相似，申请经形式审查之后，无需实质审查，满足条件即予以登记注册，授予专利权。

3. 墨西哥专利申请途径

·发明专利

该国发明专利申请的途径分为以下两类：

（1）巴黎公约该国申请。

（2）PCT 该国申请。

・实用新型

该国实用新型专利申请的途径为巴黎公约该国申请。

・外观设计

该国外观设计专利申请的途径为巴黎公约该国申请。

4. 墨西哥专利申请报价表

类型	费用名称	官费（美元）
发明	申请费	730
	公开费	126
	授权费	300
实用新型	申请费	210
	授权费	70
外观设计	申请费	210
	授权费	70

尼加拉瓜

1. 尼加拉瓜专利申请概述

尼加拉瓜专利事务主管机关是尼加拉瓜知识产权注册理事会，隶属于发展、工业与贸易部之竞争与市场透明度总理事会。

专利保护的类型

发明：申请日起 20 年。

工业品外观设计：申请日起 5 年，可续展 2 次，每次 5 年。

接受申请文本语言

西班牙语。

2. 尼加拉瓜专利申请的审查制度

·发明专利

尼加拉瓜发明专利申请程序与我国基本一致，都实行 18 个月的早期公开，并对申请进行实质审查。尼加拉瓜申请专利申请制度与中国的不同点表现在两个方面：首先，需在早期公开以后 3 个月内提出实质审查请求，而不像中国从申请日起三年内进行实质审查；另外，专利申请人在专利被授予前，可将其申请在发明专利和实用新型专利间进行转换，只有一次转换机会。

·外观设计：

尼加拉瓜外观设计专利申请只需要进行形式审查，审查合格的予以公布。后授予专利权。

3. 尼加拉瓜专利申请途径

·发明专利

该国发明专利申请的途径分为以下两类：

（1）巴黎公约该国申请。

（2）PCT 该国申请。

· 外观设计

该国外观设计专利申请的途径为巴黎公约该国申请。

4. 尼加拉瓜专利申请报价表

类型	费用名称	官费（科多巴）
发明	申请费	200
	实审费	300
外观	申请费	50
	授权费	150

萨尔瓦多

1. 萨尔瓦多专利申请概述

萨尔瓦多专利主要法律由《知识产权促进与保护法》（1993 年 7 月 15 日生效，2005 年 12 月 14 日修正）进行规范。

专利保护的类型

发明专利：保护期为申请后 20 年，药物专利则为 15 年。

实用新型：保护期为申请后 10 年。

外观设计：保护期为申请后 5 年，可延期 5 年。

接受申请文本语言

西班牙语。

2. 萨尔瓦多专利申请的审查制度

· 发明专利

萨尔瓦多发明专利申请申请人在外国首先提出申请的，享有 12 个月的优先权，可自申请日起 6 个月内提出。如果申请人需要转化申请类型的应当自提交申请 90 天内提出。申请满足形式要件后商业登记处应当予以公布，申请人也可以要求提前公布。公布后有 6 个月的异议期，在该期限内何人可以对专利提出异议，期满后无异议的专利局应当进行实质审查。申请人应当在公告后 6 个月内提出实质审查请求并缴费。

· 实用新型

萨尔瓦多实用新型专利申请审查程序与其发明专利审查程序大致相同，并且也需要进行实质审查，但保护期限不同。申请人也可以在 90 天内提出专利类型转化申请。

· 外观设计

萨尔瓦多外观设计专利申请应提交的内容有：申请人情况、外观设计适用的产品类型说明、标本等文件。申请满足形式要件后商业登记处应当予以公布，申请人可以要求推迟公布，但不得超过 12 个月。萨尔瓦多外观设计专利申请不需要进行实质审查，并且在 90 天内可以提出专利类型转化申请。

3. 萨尔瓦多专利申请途径

· 发明专利

该国发明专利申请的途径分为以下两类：

（1）巴黎公约该国申请。

（2）PCT 该国申请。

· 实用新型

该国实用新型专利申请的途径为巴黎公约该国申请。

· 外观设计

该国外观设计专利申请的途径为巴黎公约该国申请。

4. 萨尔瓦多专利申请报价表

类型	费用名称	官费（美元）
发明	申请费	97
实用新型	申请费	80
外观设计	申请费	130

圣多美和普林西比

1. 圣多美和普林西比专利申请概述

圣多美和普林西比主要专利法律为《工业产权法》（2001 年 12 月 31 日生效）。

专利保护的类型

发明专利：保护期为申请后 20 年，由《工业产权法》予以保护。

外观设计：保护期为 5 年，可延长两次，每次 5 年，由《工业产权法》予以保护。

接受申请文本语言

葡萄牙语。

2. 圣多美和普林西专利申请的审查制度

·发明

圣多美和普林西比发明专利申请制度与中国不太相似，主要差异表现是形式审查合格后才确定申请日。

发明专利申请提交后国家工业产权服务处确认申请满足规定后确定申请日。当申请不符合条件时，应当告知申请人进行修改，不进行修改视为没有申请。自优先权日 18 个月内应当对申请材料进行披露，假如没有申请优先权则自申请日计算。实质审查满足一切申请条件时应当授予发明专利并予以登记，之后进行公开。

·外观设计

申请提交文本与我国略有区别，应该包括：外观设计应用产品的说明、两幅图或者照片、说明书、非发明人的申请人理由陈述。自优先权日 1 年内应当对申请材料进行披露，假如没有申请优先权日则自申请日计算。当申请合乎规定时授予专利权并且予以公布。申请人在被授予专利之前可随时撤回申请。

3. 圣多美和普林西专利申请途径

· 发明专利

该国发明专利申请的途径分为以下两类：

（1）巴黎公约该国申请。

（2）PCT 该国申请。

· 外观设计

该国外观设计专利申请的途径为巴黎公约该国申请。

4. 圣多美和普林西专利申请报价表

类型	费用名称	官费（欧元）
发明	申请费	30
	公开费	6
实用新型	申请费	16
	公开费	6
外观设计	申请费	16
	公开费	6

圣卢西亚

1. 圣卢西亚专利申请概述

专利保护的类型

发明：申请日起 20 年。

工业品外观设计：申请日起 5 年，可续展 2 次，每次 5 年。

接受申请文本语言

英语。

2. 圣卢西亚专利申请的审查制度

·发明专利

圣卢西亚发明专利申请制度与中国不太相似，主要差异表现在保密审查。

专利受理后进行进行形式审查和保密性审查，审查合格后 3 个月内予以公布。后在法定期限内进行实质审查，审查合格的授予并公布专利权。

·工业品外观设计

圣卢西亚外观专利自在国内或国外第一次提出专利申请之日起 3 个月内享有优先权。如果在先申请是在一个英语以外其他语言的国家，则在第一次提出专利申请之日起 6 个月内享有优先权。受理专利申请后会进行形式审查，审查合格后授予专利证书并予以公布。

3. 圣卢西亚专利申请途径

·发明专利

该国发明专利申请的途径分为以下两类：

（1）巴黎公约该国申请。

（2）PCT 该国申请。

·工业品外观设计

该国外观设计专利申请的途径为巴黎公约该国申请。

圣文森特和格林纳丁斯

1. 圣文森特和格林纳丁斯专利申请概述

圣文森特和格林纳丁斯专利主要由《专利法案》（2004年生效）和《外观设计法案》（2005年生效）进行规范

专利保护的类型

发明：保护期为申请后20年。

实用新型：保护期为申请后10年。

外观设计：保护期为申请后5年，可延期5年。

接受申请文本语言

英语。

2. 圣文森特和格林纳丁斯专利申请的审查制度

·发明

圣文森特和格林纳丁斯专利申请同中国申请程序基本一致，申请主要流程为：专利申请、初步审查审、实质审查、专利授权。

专利局确定申请日并且申请人没有撤回申请时进行形式审查。形式审查符合条件时后，专利局应当对申请进行实质审查。对于满足实质条件的申请应当授予专利，并进行公告。

在被授予专利之前，申请人可以任何时间将发明转化为实用新型，但是不能超过一次。

·实用新型

圣文森特和格林纳丁斯实用新型专利实施实质审查制度。除非特别规定，关于发明专利的申请办法同样适用实用新型专利的申请。

·外观设计

申请人不是发明人时，应当说明理由。申请人在递交材料时，可以同时提出给予公开的请求，请求延迟公开不得超过申请日起12个月。申请材料满足条件后，专利局应当予以注册，并发给申请人外观设计证书。专利局授予专利权后应当进行公告。

3. 圣文森特和格林纳丁斯专利申请途径

· 发明专利

该国发明专利申请的途径分为以下两类：

（1）巴黎公约该国申请。

（2）PCT 该国申请。

· 实用新型

该国实用新型专利申请的途径为巴黎公约该国申请。

· 外观设计

该国外观设计专利申请的途径为巴黎公约该国申请。

4. 圣文森特和格林纳丁斯专利申请报价表

类型	费用名称	官费（东加勒比元）
发明	申请费	230
外观设计	申请费	100

特立尼达和多巴哥

1. 特立尼达和多巴哥专利申请概述

特立尼达和多巴哥专利主要法律由《专利法案》（1996 年生效，2000 年修订）和《工业设计法案》（1996 年生效）进行规范。

专利保护的类型

发明专利：保护期为申请日后 20 年。

实用新型：保护期为申请日后 10 年。

外观设计：保护期为申请日后 5 年，可延期 5 年。

接受申请文本语言

英语。

2. 特立尼达和多巴哥专利申请的审查制度

·发明

特立尼达和多巴哥发明专利申请制度与中国相似，流程为：专利申请、形式审查、早期公开、实质审查、专利授权。

专利局在接受申请并确定申请日以后，应当进行形式审查。对于满足形式要件的申请，专利局应当进行检索和实质审查，审查新颖性、独创性及工业实用性。对于满足要求应授权专利，颁发正式证书。

·实用新型

特立尼达和多巴哥实用新型与发明专利的申请程序相同，都需要经过实质审查之后，才授予专利权。

与发明专利的不同在于：实质审查只审查其新颖性与工业实用性；保护期限为 10 年；专利授权时颁发实用证书。

·外观设计

特立尼达和多巴哥外观设计专利与中国不尽相同。

首先，申请人不是发明人时，申请人应当说明理由。

申请人在递交材料时，可以同时提出给予公告的请求，请求延迟公告不得超过申请日起 12 个月。确定申请日之后，专利局应当对申请进行形式审查，形式审查通过之后，专利局应当予以注册，并发给申请人外观设计证书。

3. 特立尼达和多巴哥专利申请途径

· 发明专利

该国发明专利申请的途径分为以下两类：

（1）巴黎公约该国申请。

（2）PCT 该国申请。

· 实用新型

该国实用新型专利申请的途径为巴黎公约该国申请。

· 外观设计

该国外观设计专利申请的途径为巴黎公约该国申请。

4. 特立尼达和多巴哥专利申请报价表

类型	费用名称	官费（特立尼达和多巴哥元）
发明	申请费	2000
	实审费	1500
实用新型	申请费	1000
外观设计	申请费	1800

危地马拉

1. 危地马拉专利申请概述

危地马拉专利主要法律为《工业产权法》（2000 年 9 月 18 日生效）。

专利保护的类型

发明专利：保护期为申请日后 20 年。

实用新型：保护期为申请日后 10 年。

外观设计：保护期为申请日后 10 年，可延长 5 年，最长不超过 15 年。

接受申请文本语言

西班牙语。

2. 危地马拉专利申请的审查制度

·发明

危地马拉发明专利的申请制度与中国不尽相同，首先当申请人非发明人时，申请人需要提交一份说明。

注册局对申请进行形式审查，不符合通知申请人要求在 1 个月内进行修改，申请人自收到修改通知逾 2 个月不修改的视为放弃申请。

自提出申请后 18 个月届满应当进行公布，也可以在申请人请求下提前公布。任何人自公布 3 个月内均可以对申请材料以书面形式提出意见。公布 3 个月后，注册局应当算出实质审查所需费用，并通知申请人。

申请人付费后，注册局进行实质审查，实质审查通过之后授予专利证书。

·实用新型

危地马拉实用新型与发明适用同样的标准与申请办法，且同样依照《工业产权法》进行保护，只是在保护期限上有所区分。

·外观设计

危地马拉外观设计申请与我国不同，注册处会在提交申请的 12 个月后对申请材料进行公布。注册处进行形式审查，符合相关规定的授予外观设计证书。

3. 危地马拉专利申请途径

· 发明专利

该国发明专利申请的途径分为以下两类：

（1）巴黎公约该国申请。

（2）PCT 该国申请。

· 实用新型

该国实用新型专利申请的途径为巴黎公约该国申请。

· 外观设计

该国外观设计专利申请的途径为巴黎公约该国申请。

4. 危地马拉专利申请报价表

类型	费用名称	官费（格查尔）
发明	申请费	2500
	实审费	3000
	授权费	450
实用新型	申请费	1000
	实审费	3000
	授权费	450
外观设计	申请费	1000
	审查费	3000
	登记费	450

世界
专利申请
实务
Patent
Application

第四章／大洋洲专利申请

大洋洲申请制度及途径概述

大洋洲PCT成员国专利制度

一　大洋洲申请制度及途径概述

　　大洋洲位于亚洲和南极洲之间，西邻印度洋，东临太平洋，并与南北美洲遥遥相对。大洋洲一般包括澳大利亚大陆、塔斯马尼亚岛、新西兰南北二岛、新几内亚岛，以及波利尼西亚、密克罗尼西亚、美拉尼西亚三大群岛，由于其特殊的地理原因，其经济增长方式多依赖于矿、农、林、畜业。大洋洲参与 PCT 条约的成员国数量并不多，主要有澳大利亚、新西兰和巴布亚新几内亚。在我们与澳洲的专利事务所合作的过程当中，往往在澳洲做申请的新技术也同样要在新西兰得到保护，事务所的业务范围往往也会覆盖新澳两地，通常专利的保护范围在澳大利亚或新西兰也被视为一个整体。由于大洋洲并没有专利性组织的出现，所以其申请途径也相对简单，主要包括巴黎公约途径和 PCT 国际申请进入国家阶段这两种途径。申请途径介绍图可参照亚洲没有加入专利性组织的国家的途径图表（如图 1）。

二　大洋洲 PCT 成员国专利制度

大洋洲 PCT 成员国列表

· 澳大利亚 / 230

· 新西兰 / 232

· 巴布亚新几内亚 / 234

澳大利亚

1. 澳大利亚专利申请概述

澳大利亚现行专利制度由《知识产权法修正案》（2012 年）、《专利法 1990》（2012 年修订）和《工业品外观设计法 2003》（2012 年修订）组成。

专利保护的类型及期限

发明专利：保护期限为 20 年。

创新专利：保护期限为 8 年。

外观设计：自申请之日起自动保护 5 年，可续期一次，最长不超过 10 年。

接受申请文本语言

英语。

2. 澳大利亚专利申请的审查制度

· 发明

澳大利亚发明专利申请和我国类似，申请提交之后，澳大利亚专利局首先对申请进行形式审查。之后于申请日（或优先权日）起十八个月公开。

专利局对发明申请进行实质审查。实质审查依申请人要求提起。申请人也可提出延缓审查。

实质审查通过之后，授予专利权。

· 创新专利

澳大利亚的创新专利与我国的实用新型专利的概念相似。

首先，创新专利的权利要求至多为 5 项。

其次，创新专利只进行形式审查，通常在申请之后一个月可获得。

创新专利也可依申请者或第三方要求进行实质审查。只有审查过的创新专利才拥有法律强制力。

在专利授予前可要求将创新专利申请转为发明专利申请。

· 外观设计

澳大利亚的外观设计专利的申请与我国不尽相同，申请人提交申请后六个月内，必须提出公开或注册请求。提出该请求后，主管局对申请进行形式审查。形式审查通过后即可授予专利。澳大利亚的外观设计专利可依申请人或第三人要求进行实质审查。审查通过后才具有法律强制力。

3. 澳大利亚专利申请途径

· 发明专利

该国发明专利申请的途径分为以下两类：

（1）巴黎公约该国申请。

（2）PCT 该国申请。

· 创新专利

该国创新专利申请的途径为巴黎公约该国申请。

· 外观设计

该国外观设计专利申请的途径为巴黎公约该国申请。

4. 澳大利亚专利申请报价表

类型	费用名称	官费（澳元）
发明	申请费	470
	实审费	590
创新专利	申请费	280
	审查费	500
外观设计	申请费	350
	审查费	210

新西兰

1. 新西兰专利申请概述

新西兰现行专利制度主要法律法规为《专利法 1953 年》（2011 年修订）、《专利实施细则 1954 年》（2007 年修订）、《外观设计法 1953 年》（2011 年修订）和《外观设计实施细则 1954 年》（2011 年修订）。

专利保护的类型及期限

发明专利：保护期限为 20 年。

外观设计：自申请之日起自动保护 5 年，可续展两次，每次 5 年，最长不得超过 15 年。

接受申请文本语言

英语。

2. 新西兰专利申请的审查制度

· 发明专利

新西兰专利申请虽需经过形式审查和实质审查才能授予专利权，但其申请程序与我国相比有着较大区别。

申请人需要提交临时发明说明书或完整发明说明书。临时发明说明书不会被审查，新西兰知产局也不会对其进行检索或提出意见。但提交临时发明说明书后 12 个月（也可延长到 15 个月），申请人仍需提出完整发明说明书，若不提出则申请将被视为放弃。

临时发明说明书为申请人提供了充足的准备时间，也帮助申请人尽早确定优先权日，很多申请人在申请时选择提交该说明书。如申请人已做好准备，并希望申请尽早得到批准，那么最好提交完整发明说明书。

在提交完整发明说明书后，将对申请进行审查形式审查和实质审查，如不符合要求，知产局出具的审查报告会列举原因并告知申请人，如果符合要求，申请人会收到接受申请的通知。申请不合要求的申请人，仍有 15 个月（可再延长 3 月）使自己的申请到达审查标准，或争取说服知产局接受自己的申请。

申请人认为通过此方式仍不能解决问题的，可支付一定费用，申请听证会。听证会上听证官员会直接作出批准或驳回申请的决定。

申请被公开后，新西兰知产局会告知申请人第三方的反对意见，如果三个月内无人提反对意见，则申请应被批准。

· 外观设计

新西兰知识产权局审查委员会对申请进行审查，在认为必要时，可针对外观设计的新颖性进行检索 . 若审查不符合要求，审查报告会列出缘由，申请人在 12 个月（可再延伸 3 个月）内可修改，也可要求听证会。若符合审查要求，申请人会受到通知，此结果会由新西兰知识产权局公开。

3. 新西兰专利申请途径

· 发明专利

该国发明专利申请的途径分为以下两类：

（1）巴黎公约该国申请。

（2）PCT 该国申请。

· 外观设计

该国外观设计专利申请的途径为巴黎公约该国申请。

4. 新西兰专利申请报价表

类型	费用名称	官费（纽币）
发明	申请费	250
外观设计	申请费	100

巴布亚新几内亚

1. 巴布亚新几内亚专利申请概述

巴布亚新几内亚现行专利制度主要法律法规为《专利和工业品外观设计法》（2000 年）和《专利和工业品外观设计实施细则》（2000 年）。

专利保护的类型及期限

发明专利：保护期限为 20 年。

外观设计：自申请之日起自动保护 5 年。可续展 2 次，每次 5 年。

接受申请文本语言

英语。

2. 巴布亚新几内亚专利申请的审查制度

· 发明专利

巴布亚新几内亚发明专利的申请与中国不同，主要差异体现在对于申请的审查程度及公开制度之上。

首先，申请人若非发明人，需要提交证明自己权利的声明。

其次，申请人申请优先权，若先前申请非英语，申请人须在做出申请后的 6 个月内提交英语版本。

在确定申请日后进行形式审查，若不符合要求，申请人可在规定内进行修改，若仍不符合要求，登记部门可驳回申请并以书面形式告知申请人；若申请满足形式审查条件，则可得到批准。

批准后登记部门应立即登记专利并颁发证书，之后对专利进行公开。

· 外观设计

巴布亚新几内亚外观设计专利的申请与我国有类似之处。

在该国，可登记的外观设计需具有新颖性，不得违反公共利益和社会道德，只注重用途不重外观的设计也不可得到保护，在满足以上条件后，登记部门还要审查形式要件，都满足后即对外观设计进行登记。

3. 巴布亚新几内亚专利申请途径

· 发明专利

该国发明专利申请的途径分为以下两类：

（1）巴黎公约该国申请。

（2）PCT 该国申请。

· 外观设计

该国外观设计专利申请的途径为巴黎公约该国申请。

4. 巴布亚新几内亚专利申请报价表

类型	费用名称	官费（基纳）
发明	申请费	1000
	授权以公开费	100
外观设计	申请费	300
	登记及公开	100

世界
专利申请
实务
Patent
Application

第五章／非洲专利申请

非洲申请制度概述

非洲申请途径介绍

非洲PCT成员国专利制度

一　非洲申请制度概述

非洲拥有 53 个国家，半数以上已加入 PCT。虽然国家众多，但基本都属于第三世界的经济欠发达国家，经济的落后也使得多数非洲国家专利制度建立较晚，专利的保护存在一定缺陷。但随着国外投资和自身技术能力的发展，非洲正在逐渐崛起，经济水平已显著提高，对技术的需求与日俱增，吸引了世界各国进一步的技术投资。在此背景下，非洲各国也开始逐步建立完善的专利制度，与世界接轨。伴随着国际专利的发展，非洲也积极响应，开始建立非洲区域性的专利组织。

由于历史原因，非洲存在两大语言体系——英语和法语。这在一定程度上限制了非洲建立一个完全统一的专利组织的愿景。在此背景之下，非洲国家先后成立了两个知识产权组织。一是非洲知识产权组织(OAPI)，成员国主要为法语国家；另一个是非洲地区工业产权组织（ARIPO），成员国为英语国家。

两个组织的设立，整合了非洲成员国在专利事务方面的资源，协调各个成员国的利益，加强成员国之间的协作，避免了人力和财力资源的浪费，进而高效的管理和维护专利事务，对于非洲专利制度的发展至关重要。

非洲地区工业产权组织（ARIPO）

非洲地区工业产权组织于 1979 年 12 月 9 日在赞比亚的卢萨卡基于卢萨卡协定成立。前身为 ESARIPO（Industrial Property Organization for English-Speaking Africa）。自 1981 年 9 月起，总部设在津巴布韦首都哈拉雷。现有成员国 18 个国家。成立 ARIPO 的理念是为了使非洲国家能将各自所有的资源汇集起来进行知识产权管理，以避免财力和人力资源上的重复使用。

1982 年 12 月，ARIPO 行政理事会在津巴布韦的哈拉雷通过了哈拉雷议定书。该议定书授权 ARIPO 局代表议定书成员国受理和处理专利、外观设计和实用新型申请。

该组织现有成员国 18 个，分别为：博茨瓦纳、冈比亚、加纳、肯尼亚、莱索托、马拉维、莫桑比克、塞拉里昂、索马里、苏丹、斯威士兰、坦桑尼亚、乌干达、卢旺达、利比里亚、纳米比亚、赞比亚和津巴布韦。

ARIPO 与下列以观察员的身份出席 ARIPO 主要会议的潜在成员国进行了合作：安哥拉、埃及、埃塞俄比亚、尼日利亚、布隆迪、阿尔及利亚、利比亚、突尼斯、南非、塞舌尔、毛里求斯和厄立特里亚。

非洲知识产权组织（OAPI）

非洲知识产权组织创建于 1962 年 9 月 13 日，总部设在喀麦隆共和国的首都雅温得。OAPI（African Intellectual Property Organization）的成立经历了一个演变发展过程。OAPI 的前身为非洲和马尔加什知识产权组织。1962 年签定成立非洲工业产权局及马达加斯加工业产权局（OAMPI）协议。1967 年多哥加入 OAMPI。1977 年 3 月 22 日在中非共和国首都班吉对上述建立 OAMPI 协议进行修订，将 OAMPI 更名为非洲知识产权组织（OAPI）。其后马里和几内亚分别于 1984 年和 1989 年相继加入 OAPI。

该组织现有成员国 16 个，分别为：贝宁、布基纳法索、喀麦隆、中非共和国、乍得、刚果、科特迪瓦、加蓬、几内亚、赤道几内亚、马里、毛里塔尼亚、尼日尔、几内亚比绍、塞内加尔和多哥。

OAPI 系统所适用的国际准则，即 1999 年 2 月 24 日修改的班吉协定（《班吉协定》是非洲知识产权组织成员国范围内的法律文件）、实施细则及行政指示，也包括发明专利领域的国际准则，如巴黎公约、专利合作条约（PCT），布达佩斯条约以及 TRIPS 协议。

OAPI 组织的专利均为统一申请、统一审查、统一授权，专利一经批准，在所有成员国都有效。授权程序涉及发明专利申请的程序、审查的程序以及专利的授予。其中，行政审查与中国专利审查中的形式审查相似，主要针对专利申请人提交的申请材料（申请表、说明书、权利要求书、必要的附图和摘要以及优先权的日期等）进行初步审查；而 OAPI 不进行发明专利性的审查，而只对该申请是否满足单一性进行技术审查，即说明书、权利要求书、必要的附图、摘要和发明名称是否符合行政指示的规定。发明专利的授权是在申请后约一年的时间进完成。

二　非洲申请途径介绍

申请非洲专利与在其他洲申请专利有所不同，通常必须向所属的专利组织，即 ARIPO 或 OAPI 进行申请的提交，因为大多数非洲国家的专利审查体系尚处在发展阶段，并不具备独立审查能力，所以非洲专利申请的审理工作一般都是由其加入的专利组织来完成的。这两个知识产权组织均受理三种类型的专利申请，其中也有部分 ARIPO 成员国具备独立审查的能力。对于非洲发明专利申请，若注册国既是 PCT 成员国，也是 ARIPO 成员国的国家，申请通常分为两类途径：

1. ARIPO 途径：巴黎公约 ARIPO 申请 和 PCT 国际申请选定 ARIPO（图 14）

2. 国家途径：巴黎公约国家途径和 PCT 国际申请选定国家（图 15）

优先权申请
（自优先权 12 个月）

巴黎公约 –
ARIPO 途径　　PCT–ARIPO
途径

非洲地区工业产权
组织（ARIPO）

PCT– ARIPO

国际检索，生成
国际检索报告

ARIPO 实质审查
将申请副本发送指定成员国
（6 个月内提出异议）

国际公开

提出异议　　无异议

指定成员国
不生效

ARIPO 专利

指定成员国生效

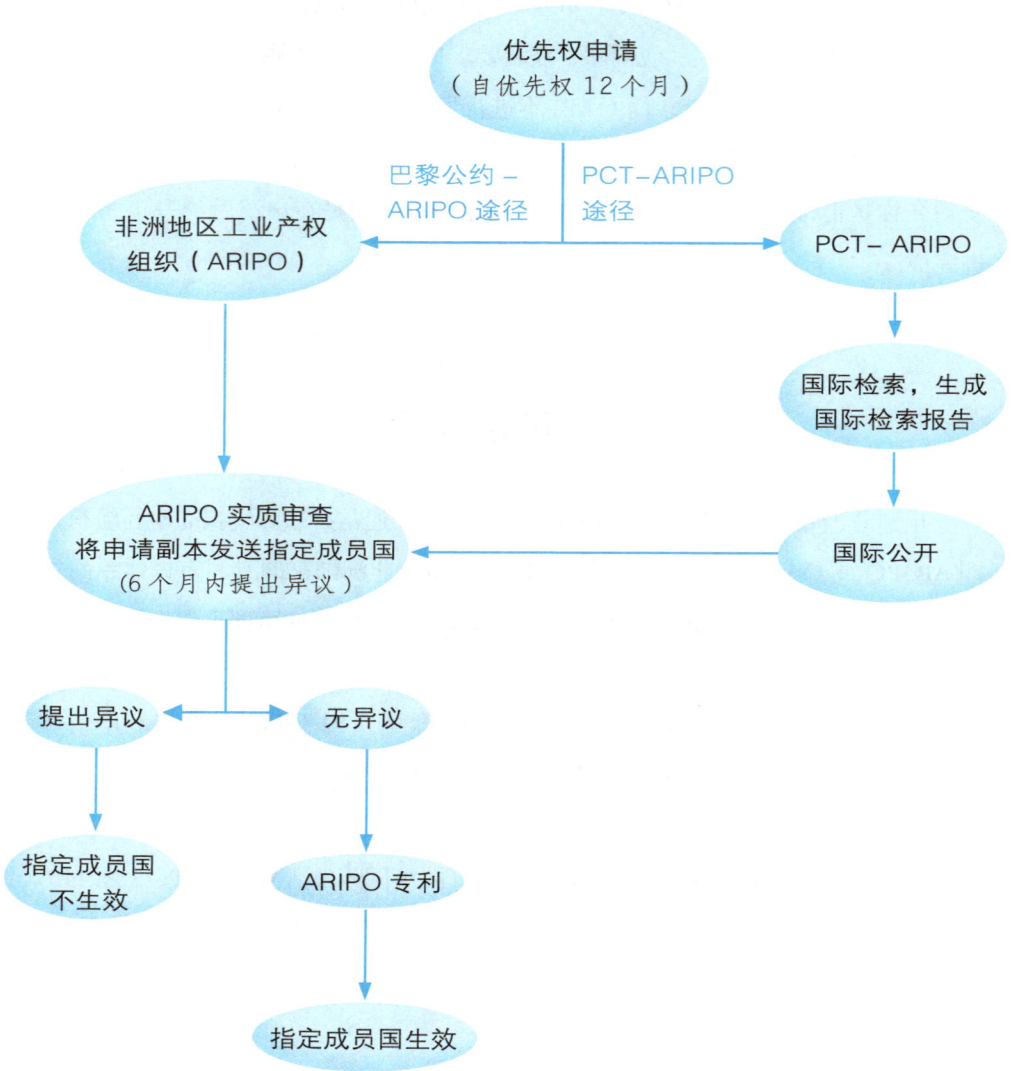

图 14　非洲国家发明专利的 ARIPO 申请途径

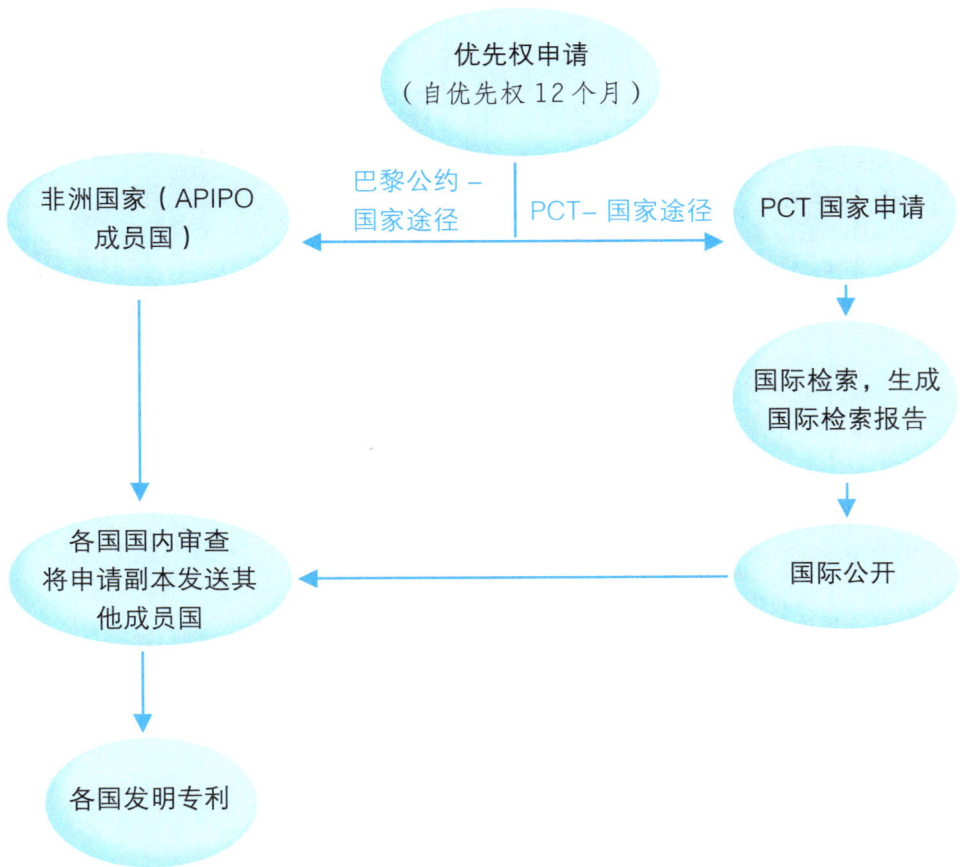

图 15　非洲国家（ARIPO）成员国国家申请途径

　　若注册国属于非洲另一组织的 OAPI 成员国，同时也是 PCT 成员国的非洲国家，其专利申请均为统一申请、统一审查、统一授权，专利一经批准，在所有成员国都有效。所以这些国家的发明专利申请途径主要只两种：PCT 国际申请选定 OAPI 途径和巴黎公约直接 OAPI 申请途径。（图 16）

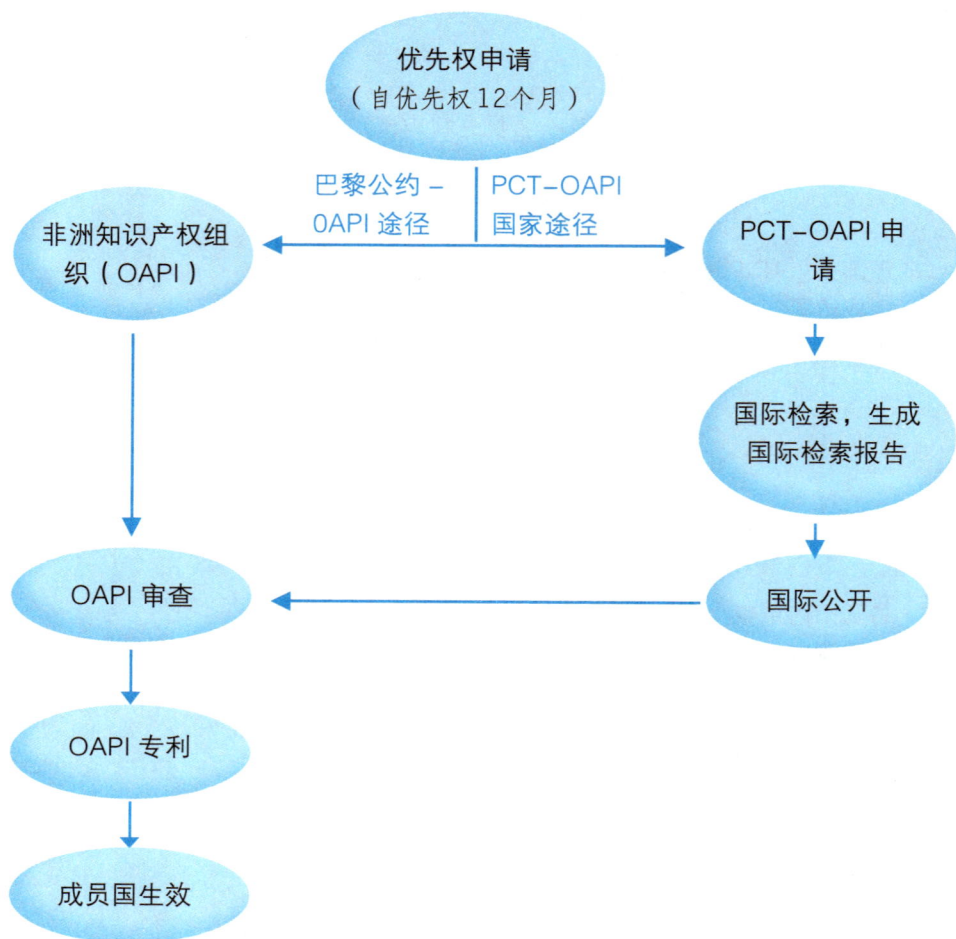

图 16　非洲国家（OAPI）成员国发明专利申请途径

非洲 ARIPO 成员国的实用新型专利的申请途径与发明专利的申请途径相似，主要包括两类共四种途径。申请人可以通过 PCT 指定 ARIPO 或者直接向 ARIPO 申请，经过 ARPIO 实质审查之后，将申请副本发送各成员国。（见图 14）

申请人也可以直接向国家或者通过 PCT 指定该国家进行申请。（见图 15）

非洲 ARIPO 成员国的外观设计专利的申请具有两类途径。申请人可以直接向 ARIPO 组织提交申请也可直接向国家提交申请。

非洲 OAPI 成员国的实用新型专利申请与外观设计专利申请的途径与发明专利的申请途径相同，申请人需要直接向 OAPI 提交申请。

ARIPO（非洲地区工业产权组织）

ARIPO 有着统一的专利审查制度，其制度如下：

发明

实质审查：根据哈拉雷议定书，一件发明只需要在缔约国之一或者直接在 ARIPO 局提交一件申请，就可以指定任何其希望对该发明给予保护的成员国。ARIPO 局收到发明申请后，确定该申请符合格式要求后给予申请日。然后该局就进行实质性审查，以确保该发明具有可专利性（也就是说，该发明是新颖的、具有创造性、能够在产业中应用）。当该申请符合实质审查的要求后，该申请的副本被送往各被指定的缔约国。根据该议定书规定的理由，各国保留了在 6 个月内通知 ARIPO 局该注册在相关指定国不具有效力的权利。

优先权：优先权应指出在先申请时间、受理局和在前申请号。在先申请应在提交本次申请后的三个月内提出。非英文的文件应当翻译成英文且在提出申请后的六个月内提交。

实用新型

对实用新型专利申请进行实质审查。实用新型受指定国国内法保护，其实质性审查针对各个指定国，即考察其在指定国是否具有新颖性，是否通过审查由各指定国依据国内法在接到 ARIPO 通知起六个月内决定。

外观设计

对外观设计专利申请只进行形式审查。根据哈拉雷议定书，一件发明申请或外观设计注册申请只需要在缔约国之一或者直接在 ARIPO 局提交一件申请，就可以指定任何其希望对该发明或者外观设计给予保护的成员国。

如果申请符合形式要求，ARIPO 局就给予在所在指定国生效的注册。但是，各国保留了在 6 个月内通知 ARIPO 局该注册在相关指定国不具有效力的权利。

ARIPO 将在通知通过形式审查之日起六个月后注册并公开外观设计。

申请非洲地区工业产权组织（ARIPO）成员国专利除了可以向 ARIPO 提交

申请之外，也可以直接向各成员国本国的知识产权组织递交申请，各国也有着自己的相关法律对专利进行保护，详见下表：

ARIPO 成员国专利概况

成员国	法律制度	官方语言	保护类型	保护期限	审查制度
埃及	《专利与实用新型法》（2002）	阿拉伯语	专利	20 年	实质审查
			实用新型	7 年	形式审查
博茨瓦纳	《工业产权法》（2010）	英语	发明专利	30 个月	实质审查
			实用新型	7 年	形式审查
			外观设计	5 年，可续展两次，每次 5 年	形式审查
冈比亚	《工业产权法》和《工业产权实施细则》	英语	发明专利	15 年，可续展 5 年	实质审查
			实用新型	7 年	实质审查
			外观设计	5 年，可续展两次，每次 5 年	形式审查
加纳	《工业产权法》(2003) 和《专利法》（1992）	英语	发明	20 年	实质审查
			实用新型	7 年	形式审查
			外观设计	5 年，可续展两次，每次 5 年	形式审查
肯尼亚	《工业产权法》(2001) 和《工业产权法规》（2002)	英语	发明	20 年	实质审查
			实用新型	10 年	实质审查
			外观设计	5 年，可续展两次，每次 5 年	形式审查

成员国	法律制度	官方语言	保护类型	保护期限	审查制度
莱索托	《工业产权法令》（1989）和《工业产权实施细则》（1989）	英语	发明	15年，可续展5年	实质审查
			实用新型	7年	形式审查
			外观设计	5年，可续展两次，每次5年	形式审查
马拉维	《专利法 第49:02章》；《专利实施细则》；《专利法庭规则》；《专利（代理费）实施细则》；《注册工业品外观设计法 第49:05章》；《注册工业品外观设计（法庭）规则》	英语和奇契瓦语	发明	16年	实质审查
			实用新型	无相关法规	实质审查
			外观设计	5年，可续展两次，每次5年	实质审查
莫桑比克	《2006年4月12日第04/2006号法令（工业产权法典）》	葡萄牙语和英语	发明	20年	形式审查
			实用新型	15年	形式审查
			外观设计	5年，之后可续展，最多不过25年	形式审查
塞拉利昂	没有专门国内法规定其专利制度	英语	塞拉里昂没有专门国内法规定其专利制度，仅通过宪法及签署的各种国际条约来保障。		

成员国	法律制度	官方语言	保护类型	保护期限	审查制度
索马里	《1号专利法令》（1955）和《2号工业设计法令》	索马里语，阿拉伯语，英语	因政局不稳定，索马里知产局无法正常运行，国家专利也无法申请。		
苏丹	《专利法》（1971）与《外观设计法》（1974）	英语	专利	20 年	形式审查
			外观设计	5 年，可续展两次，每次 5 年	形式审查
斯威士兰	《专利、实用新型和工业设计法》（1997）		发明	20 年	实质审查
			实用新型	7 年	形式审查
			外观设计	5 年，可续展两次，每次 5 年	实质审查
坦桑尼亚	《专利法》（1992）	英语	发明	10 年，可续展两次，每次 5 年	实质审查
			实用新型	7 年	形式审查
			外观设计		外观设计需先获得英国许可才可向坦桑尼亚联合共和国申请，并直接援引英国法处理。
乌干达	《专利法》（1964）	英语	发明	15 年，可续展 5 年	乌干达专利局并不具备实质审查能力。乌干达专利局仅作为受理局接收申请，再递交给 ARIPO 进行实际审查。
			实用新型	7 年	

成员国	法律制度	官方语言	保护类型	保护期限	审查制度
卢旺达	《知识产权法》（2009）	英语	发明	20 年	就申请人提供的报告决定是否进行实质性审查
			实用新型	10 年	就申请人提供的报告决定是否进行实质性审查
			外观设计	5 年，可续展两次，每次 5 年	形式审查
利比里亚	《知识产权法》	英语	发明	20 年	实质审查
			实用新型	7 年	实质审查
			外观设计	5 年	形式审查
纳米比亚	《专利、设计、商标及著作权》（1917）	英语	发明	14 年	形式审查
			实用新型	5 年，可续展两次，每次 5 年	形式审查
			外观设计	5 年，可续展两次，每次 5 年	形式审查
赞比亚	《专利法》（1965）	英语	发明专利	16 年	形式审查
巴布韦	《外观设计法》（2001）和《专利法》（2002）	英语	发明	20 年	实质审查
			实用新型	15 年	形式审查
			外观设计	15 年	形式审查

非洲地区工业产权组织 ARIPO 专利报价

专利类型		项　目	货币（美元）
发明	1	申请费	250
	2	指定费 / 每个国家	75
	3	审查报告费	250
	4	检索报告费	250
	5	公开费	300
	6	申请书超过 30 页之后每页	15
	7	权利要求超过 10 项之后每项	40
	8	授权费	300
实用新型	1	申请费	100
	2	指定费 / 每个国家	20
	3	登记和公开费	50
外观设计	1	申请费	50
	2	指定费 / 每个国家	10

后　记

历经一年辛勤耕耘，这本凝聚兰台知产部同事、客户的心血和智慧之作将要付梓印刷。

这是激动的时刻，因为这本书承载了大家的智慧和使命，它终于开始走出兰台，体现价值。这一刻是感动的，因为这本书凝聚了集体，汇集了力量。这一时刻更是留恋的，因为这本书包含了心血，紧密了你我。

她是结晶，是明灯，是希望。她汇集众智，给申请人寻求国际专利保护以指引，承载兰台知产事业发展的希望。它来自哪里，来自努力，这种努力源于一种力量，源于所有律师、同事对兰台的热爱，对知产事业的热爱，对律师职业的热爱。

此时最想说的是感谢，首先要感谢多年来与兰台知产部共同前行的我们的客户，有了你们的建议，才让我们知道在企业成长的道路上，真正需要什么，是你们指引了我们努力的方向。

还要感谢在此书编辑期间协助采集信息的各国优秀合作律师事务所和专利代理所，是你们让本书的信息更丰富、完善。

当然，更要感谢知产部优秀的同事们，是你们的兢兢业业，从不气馁，让汇总世界上所有 PCT 成员国专利制度这一看似不可能完成的任务成为了现实。在本书撰写中，其具体分工如下：

亚洲：白伟；

欧洲：张博；

美洲：张峰；

　　大洋洲：张博；

　　非洲： 白伟。

　　最后，要感谢中国法制出版社的赵宏编辑为本书出版所付出的努力。

　　尽管本书编者穷尽心智，力求准确和完善，但因资料搜求范围广泛，语言翻译和理解繁杂，错漏之处在所难免，在此恳请读者谅解和不吝指正。

　　本书是知产部对兰台十周年的献礼，祝愿兰台的明天会更好！

图书在版编目（CIP）数据

世界专利申请实务／兰台律师事务所编著. —北京：
中国法制出版社，2014.2

ISBN 978 - 7 - 5093 - 4767 - 6

Ⅰ.①世…　Ⅱ.①兰…　Ⅲ.①专利申请－基本知识
－世界　Ⅳ.①G306.3

中国版本图书馆 CIP 数据核字（2013）第 201628 号

策划编辑：赵　宏　　　　　　　　　　　　　　封面设计：李　宁

世界专利申请实务
SHIJIE ZHUANLI SHENQING SHIWU

编著／兰台律师事务所
经销／新华书店
印刷／三河市紫恒印装有限公司
开本/710 毫米×1000 毫米　16　　　　　印张/16.25　字数/150 千
版次/2014 年 2 月第 1 版　　　　　　　　2014 年 2 月第 1 次印刷

中国法制出版社出版
书号 ISBN 978 - 7 - 5093 - 4767 - 6　　　　　　　定价：58.00 元

北京西单横二条 2 号　邮政编码 100031　　　　　　　传真：66031119
网址：http：//www.zgfzs.com　　　　　　　　**编辑部电话：66010483**
市场营销部电话：66033393　　　　　　　　**邮购部电话：66033288**